C.H.BECK ■ **WISSEN**

in der Beck'schen Reihe

Management ist mittlerweile nicht nur ein moderner Massenberuf, sondern auch ein reichhaltiges Forschungsgebiet. An-
schaulich und kenntnisreich beschreibt Dietrich von der Oelsnitz in diesem Buch die Ideengeschichte des Fachs sowie die
Hauptaufgaben und Berufsbedingungen heutiger Führungskräfte. Dabei werden auch aktuelle Fragen der Managerqualifi-
kation und -ethik angesprochen.

Dietrich von der Oelsnitz, geb. 1964, ist ordentlicher Professor
für Organisation und Führung an der Technischen Universität
Braunschweig und Geschäftsführender Herausgeber der *Zeitschrift für Management*. Zahlreiche Veröffentlichungen zum
Strategischen Management, zuletzt *Die innovative Organisation* (2009), *Der Talente-Krieg* (2007) und *Wissensmanagement*
(2003).

Dietrich von der Oelsnitz

MANAGEMENT

Geschichte, Aufgaben, Beruf

Verlag C. H. Beck

Mit 4 Abbildungen

Originalausgabe
© Verlag C. H. Beck oHG, München 2009
Gesamtherstellung: Druckerei C. H. Beck, Nördlingen
Umschlaggestaltung: Uwe Göbel, München
Printed in Germany
ISBN 978 3 406 56279 2

www.beck.de

Inhalt

Vorwort

Management – kaum ein Begriff aus der Welt der Wirtschaft verfügt über so viel Strahlkraft, ist zugleich aber auch so unbestimmt und schillernd. Welche Führungskraft glaubt nicht von sich, ein guter Manager zu sein, also – aus ihrer Sicht – rational und planvoll zu agieren, Menschen zu motivieren und zu lenken, an den Hebeln der Macht zu sitzen, die «Dinge im Griff zu haben»? Offensichtlich wird der Terminus Management gerne auch für betriebswirtschaftliche Spezialdisziplinen verwendet: Die Ausdehnung z. B. auf Finanz-, Produktions-, Informations- oder Marketingmanagement belegt dies, zeigt aber auch, daß der Managementbegriff fast beliebig dehn- und füllbar erscheint. Ursprünglich leitet sich dieser Begriff wohl vom lateinischen *manus* (= Hand) ab. «Managen» bedeutet im übertragenen Sinne also soviel wie in die Hand nehmen, formen, gestalten.

In diesem Buch bezeichnet «Management» (synonym: Unternehmensführung) die zielgerichtete Führung, Gestaltung und Entwicklung arbeitsteiliger Wirtschaftsorganisationen. Das umreißt einen Aufgabenkomplex, den man in den USA als Business Administration bezeichnet. Die entsprechende Methodik kann sowohl auf gewinnorientierte als auch auf gemeinnützige (Non-Profit-)Unternehmen angewendet werden. Daneben kann «Management» in einer zweiten Bedeutungsvariante einen Personenkreis meinen – Menschen mit zumeist guter Ausbildung, denen das Schicksal der von ihnen geführten Unternehmen anvertraut ist und die somit letztlich «das Ganze» zu sehen und zu verantworten haben. Diesen Anspruch können sowohl männliche als auch weibliche Personen erfüllen. Wenn nachfolgend vereinfachend von «Managern» die Rede ist, dann ist diese Sprachform ausdrücklich geschlechtsneutral gemeint – denn die in diesem Buch behandelten Konzepte, Methoden und Aufgaben sind in praxi für Frauen und Männer identisch.

Ein so umfassendes Thema auf gut einhundert Seiten behandeln zu wollen, ist zweifelsohne ein Wagnis. Mein Buch muß sich zwangsläufig beschränken; es bezweckt daher keine direkten instrumentellen Handlungsanleitungen. Hierfür gibt es eine Fülle einschlägiger Fachbücher. Stattdessen geht es nachfolgend zunächst um die historischen Grundlagen der Unternehmensführung. Im zweiten Kapitel wenden wir uns den wesentlichen Aufgaben von Managern zu. Das dritte Kapitel schließlich beleuchtet den berufspraktischen Alltag sowie die diversen Zwänge des heutigen Managers.

Dabei sollen zwei Zielgruppen im Mittelpunkt stehen: Dem häufig von operativen Details gefangengenommenen Manager möchte ich die Ideengeschichte seines Metiers anhand einflußreicher Vordenker nahebringen. Und dem interessierten Laien möchte ich einen Einblick in die zentralen Funktionen und Fallstricke der modernen Unternehmensführung vermitteln. Auf diese Weise ist es möglich, das Gemeinsame der o. g. Begriffsvarianten zu erkennen und den eigentlichen Wesenskern des Managements herauszuschälen. Zu diesem Kern gehört auch der Manager als Person: Was zeichnet ihn aus? Was treibt ihn an? Woran orientiert er sich? Was muß er können? Wie macht er Karriere? Wer kontrolliert ihn?

Insbesondere die letzte Frage gewinnt zusehends an Interesse. Die weltweite Wirtschaftskrise und das offenkundig überzogene Gewinnstreben vieler Top-Manager werfen kritische Fragen auf und lassen viele Menschen am Mythos der allwissenden und ethisch verantwortungsvoll handelnden Führungskraft – und damit letztlich an der Legitimität unserer Wirtschaftsordnung insgesamt – zweifeln. Von der Qualifikation und ethischen Orientierung unserer Manager hängen im mittlerweile globalen Kampf um Marktanteile jedoch Wohlstand und Prosperität unserer Gesellschaft ab. Grund genug, sich mit diesem spannenden Themenkreis näher zu befassen.

Destedt, Ostern 2009

Historische Entwicklungslinien: Management als Disziplin

I. Seit wann gibt es «Management»?

Folgt man dem Managementforscher Wolfgang Staehle, dann ist die erste arbeitsteilige Wahrnehmung von Managementaufgaben unter einer ökonomischen Perspektive in der Mitte des 18. Jahrhunderts zu erkennen. Die sich an die Industrielle Revolution anschließende technische Rationalisierung zunächst Westeuropas, dann Nordamerikas bildet in diesem Sinn den historischen Ausgangspunkt. Flankierend wirkt die Entstehung von Großorganisationen, welche die eher individualisierten Produktionseinheiten des Mittelalters (Gilden, Kleinsthandwerker, bäuerliche Selbstversorgung) rasch ergänzten und schließlich nahezu vollständig ablösten. Die Großorganisationen der Moderne entwickelten mit der Zeit einen hohen Bedarf an Fach- und Führungskräften aller Art.

Legt man aber keinen Wert auf das Begriffsmerkmal der ökonomischen Perspektive, dann wird schnell deutlich, daß Führungs- und Organisationsfunktionen schon seit Menschengedenken, spätestens aber seit Erfindung der Schrift, von besonders qualifizierten Personen ausgeübt wurden. Dabei spielte auch der aktuell so oft betonte Faktor «Wissen» – in diversen Ableitungen wie Know-how, Expertise oder Kompetenz – bereits eine große Rolle. So konnten z. B. die Römer ihren Standortnachteil, im Landesinneren der italienischen Halbinsel zu liegen, gegenüber den konkurrierenden Karthagern in erster Linie durch ihren hohen Stand an Wissenschaft und Ausbildung wettmachen. Das römische Justizwesen war in Europa ebenso einzigartig wie seine Verwaltungsbürokratie. Die sagenhaften Straßen und Viadukte, die römische Ingenieure bauten, beeindrucken noch heute. Für diese Leistung waren Managementfähigkeiten letztlich genauso unverzichtbar, wie später in Südamerika, wo die Inkas im 15. Jahrhundert ihr Reich erweiterten und modernisierten. Sie erkannten, daß ihr riesiges Imperium – in ihrer Blütezeit herrschten die Inkas über ein Reich mit sechs Millionen Einwohnern – auf gute Kommunikation und Logistik angewiesen ist. Die Inkas führten nicht nur ein standardisiertes Verwaltungssystem ein, welches das heute gängige Dezimalsystem vorwegnahm, sondern schlugen auch ein verblüffend gut durchdachtes Straßen- und Kuriernetz in den Urwald. Entlang dieses über 20 000 km langen Netzes fanden sich Raststationen, Lagerhäuser, Festungen. Entsprechen diese Investitionen in den reibungslosen Austausch von Waren und Nachrichten nicht auch dem modernen Managementgedanken?

Vergleichbar die Situation in Frankreich im ausgehenden 17. Jahrhundert, in dem fähige Ökonomen den Staat Ludwig des XIV. erstmals auf der Grundlage finanzwissenschaftlicher Kenntnisse führten und so schließlich mit einem zentralen, nach Sachgebieten geordneten Etat ausstatteten. Abgelöst als europäische Großmacht wurde Frankreich durch England – wiederum auf der Basis von Wissensvorsprüngen. Bekanntlich war England Vorreiter bahnbrechender technischer Innovationen: das erste mechanische Spinnrad durch James Wyatt oder die Dampfmaschine durch James Watt seien genannt, aber auch die Ideen des genialen Werkzeugmachers Joseph Whitworth, dessen Produkte die Basis für die spätere Industrielle Revolution schufen.

Im Unterschied zu den heutigen Wirtschaftsführern wurden die zumindest managementähnlichen Leistungen früher jedoch eher in einem militärischen, politischen oder kirchlichen Kontext erbracht. Trotzdem war der moderne Mensch eigentlich schon immer bemüht, seine Ziele durch ein planvolles Vorgehen effektiver und effizienter zu erreichen. Zu diesem planvollen Vorgehen trägt im ökonomischen Zusammenhang vor allem die auf Arbeitsteilung fußende Funktionsspezialisierung bei. Deren Grundlogik wurde vom schottischen Ökonom und Moralphilosophen Adam Smith 1776 in seinem berühmten Buch *An Inquiry into the Nature and Causes of the Wealth of Nations* am Beispiel einer Stecknadelmanufaktur wie folgt beschrieben: «So, wie die Herstellung von Stecknadeln heute betrieben wird, ist sie nicht nur als Ganzes ein selbständiges Gewerbe. Sie zerfällt vielmehr in eine Reihe getrennter Arbeitsgänge. (...) Der eine Arbeiter zieht den Draht, der andere streckt ihn, ein dritter zerschneidet ihn, ein vierter spitzt ihn zu, ein fünfter schleift das obere Ende, damit der Kopf aufgesetzt werden kann. (...) Um eine Stecknadel anzufertigen, sind somit etwa 18 verschiedene Arbeitsgänge notwendig, die in einigen Fabriken jeweils verschiedene Arbeiter besorgen, während in anderen ein einzelner zwei oder drei davon ausführt. (...) Rechnet man für ein Pfund über 4000 Stecknadeln mittlerer Größe, so waren die 10 Arbeiter imstande, täglich etwa 48 000 Nadeln herzustellen, jeder also ungefähr 4800 Stück. Hätten sie indes alle einzeln und unabhängig voneinander gearbeitet (...), so hätte der einzelne gewiß nicht einmal 20, vielleicht sogar keine einzige Nadel am Tag zustande gebracht» (Smith 1999, S. 11).

Der folgende Abschnitt wird zeigen, daß dieses Grundprinzip, Effizienzvorteile durch Arbeitsteilung und Spezialisierung zu erzielen, durch einflußreiche Vordenker des Managements zu unterschiedlichen Zeiten in unterschiedlicher Weise variiert und weiterentwickelt worden ist. Auch das Entstehen einer vom Eigentümer beauftragten Managerkaste ist letztlich Ausdruck dieses Prinzips.

2. Vordenker und Schulen des Managements

Das Unternehmen als arbeitsteilige Maschine: Frederick Taylor

Frederick Winslow Taylor war, wie so viele Vordenker in den Anfängen der Managementlehre, ein Praktiker. Gleichwohl arbeitete er im Vorfeld seiner Empfehlungen mit sehr exakten Zeit- und Bewegungsstudien. Aufgrund dieser Methode erhielt sein Ansatz das Etikett «wissenschaftlich» (*Scientific Management*). Der Name Taylor steht bis heute für eine Organisation, die auf strikter Arbeitszerlegung basiert. So hat vor allem die systematische Trennung von Kopf- und Handarbeit, also die Unterscheidung der Planung von der Ausführung, die Taylor konsequenterweise aus den Überlegungen von Adam Smith abgeleitet hat, die Arbeit im operativen Kern von Handwerk und Industrie verändert. Taylors Vorschläge sehen vor allem einen hohen Wiederholungsgrad der Tätigkeiten, ergebnisbezogene Arbeitsanreize (Akkordlohn) sowie eine systematische Personalauswahl vor. All dies führt zu Arbeitsbedingungen, wie sie heute noch bei der industriellen Fließbandproduktion z. B. im Automobilsektor oder in der Textilbranche, aber auch im Verwaltungsbereich vorzufinden sind.

Taylor wurde 1856 in Germantown (Pennsylvania) geboren und war vermutlich bereits als Kind ein Sonderling. Als Jugendlicher nahm er gern an Baseballspielen teil, war hier jedoch kein besonders geschätzter Sportskamerad, denn er verleidete seinen Mitspielern das Spiel durch übergenaue Penibilität. So vermaß er das Spielfeld immer wieder und experimentierte darüber hinaus während des Spiels mit unterschiedlichen Schlagstöcken und Wurfwinkeln. Als kleines Kind stellte er fest, daß er immer dann an Alpträumen litt, wenn er sich im Schlaf auf den Rücken drehte. Daraufhin konstruierte er aus Holzstangen und Strapsen eine Alptraum-Vermeidungsmaschine, die ihn automatisch wieder auf den Bauch drehte, wenn er sich im Schlaf auf den Rücken wälzte.

Taylor sollte zunächst auf Wunsch seines Vaters Jura studieren, mußte dieses Vorhaben jedoch wegen eines (wahrscheinlich psychosomatischen) Augenleidens aufgeben. Daher begann er eine Lehre als Werkzeugmacher und Maschinist bei den Wasserwerken in Philadelphia. Nach der Ausbildung fand er keinen adäquaten Arbeitsplatz und trat deshalb als einfacher Arbeiter 1878 in die Midvale Stahlwerke ein. Der Präsident des Unternehmens fand Gefallen an dem ehrgeizigen, aber eben auch eigenbrötlerischen jungen Mann und förderte ihn nachhaltig. Auch deshalb avancierte Taylor schnell vom Arbeiter zum Maschinisten, dann zum Vorarbeiter und schließlich zum Techniker. Neben seiner Arbeit absolvierte er ein Ingenieur-Fernstudium am Stevens Institute of Technology und wurde daraufhin 1884 zum Chefingenieur bei den Midvale Stahlwerken befördert. Aus dieser Position heraus trieb er sein Lieblingsprojekt

Frederick Winslow Taylor (1856–1915)

voran: ambitionierte Rationalisierungsversuche, die die menschliche Arbeit effizienter machen sollten.

Dabei war Taylors Impuls zunächst relativ schlicht: Als Anhänger einer strengen protestantischen Sekte – Taylor war Quäker – sorgte er sich um das Problem, wie die Produktivität großer Betriebe gesteigert werden könne, ohne den einzelnen Arbeitnehmer stärker zu belasten. Bis zu dieser Zeit hatte die übliche Methode der Produktivitätssteigerung schlicht darin bestanden, das Personal länger arbeiten zu lassen; und das bei üblichen Arbeitszeiten bis zu 14 Stunden am Tag (auch für Kinder). Für Taylor war die Steigerung der Arbeitsproduktivität aber nicht primär Sache der Belegschaften, sondern lag in der Verantwortung der leitenden Personen, den Führungskräften und Technikern. Gleichwohl muß auch der einfache Arbeiter seinen Beitrag leisten: Taylor sieht den wichtigsten Ansatzpunkt hierzu in einer systematischen Vereinfachung der damals mehrheitlich manuellen Arbeit sowie in einer systematischen Personalauswahl. Das würde auch ungelernte Personen sehr schnell in die Lage versetzen, effizient eine bestimmte Tätigkeit zu verrichten. Darüber hinaus wollte Taylor mit seinen Prinzipien zur Aussöhnung zwischen Arbeitern und Managern beitragen – Spezialisten sollten die Herrschaft übernehmen, nicht Kapitalisten ohne wirkliche Leitungskompetenz.

Immer wieder in Taylors Berufsleben führten diese Bestrebungen zu Konflikten mit seinen Vorgesetzten. So verließ er die Midvale Stahlwerke 1890, um im Jahr 1898 festangestellter Beratender Ingenieur bei Bethlehem Steel, dem damals größten Stahlerzeuger der Welt, zu werden. 1901 wurde er nach Differenzen mit der Geschäftsführung auch hier wieder entlassen. Da Taylor zugleich Erfinder war – wichtig wurde vor allem sein revolutionärer Schnelldrehstahl – konnte er sich mit 45 Jahren zur Ruhe setzen. Für die Managementlehre war dies ein Glücksfall, denn Taylor widmete sich von nun an der publizistischen Arbeit. 1903 und 1911 entstanden so seine Hauptwerke *Shop Management* sowie die weltberühmten *Principles of Scientific Management*. Durch letztere kam er sogar zu akademischen Ehren und wurde Professor am Dartmouth College, das seit 1900 als erste Universität den Studiengang «Business Administration» anbot. Taylor starb 1915. Die von Taylor betriebenen Zeit- und Bewegungsstudien sowie seine endlosen Experimente mit verschieden geformten Arbeitsgeräten – angeblich soll er über dreißig verschiedene Schaufelformen entworfen haben – legten u. a. den Grundstein für die moderne Ergonomie (Arbeitswissenschaft).

So bedeutsam Taylors Arbeiten selbst für die heutige Massenproduktion noch sind – es sind auch Grenzen sichtbar. Sein Gedanke, daß betriebswirtschaftliches Planen, Kontrollieren und Ausführen voneinander unterscheidbar und daher effizienzfördernd auf verschiedene Stellen verteilbar sind, ist zwar nicht von der Hand zu weisen. Die hieraus gezogene Schlußfolgerung, manche Arbeitnehmer *nur* mit Planung und Kontrolle und andere wiederum *nur* mit der Ausführung zu betrauen, ist heute allerdings – insbesondere in der Radikalität, mit der diese Erkenntnis in den Anfängen der industriellen Massenfertigung umgesetzt wurde – nicht mehr aufrechtzuerhalten. Der zunehmende Massenwohlstand, die stetige Zurückdrängung allein monetärer Arbeitsmotive und der fortgesetzte Wertewandel in der Arbeitswelt wie in der Gesellschaft insgesamt haben die Schattenseiten des tayloristischen Managementverständnisses unübersehbar werden lassen.

Taylors Konzept orientiert sich letztlich an den Kriterien der klaren Verantwortlichkeit und straffen Leitung. Im Ergebnis entsteht ein vertikal geschichtetes Unternehmen aus relativ strikt voneinander abgegrenzten Hierarchieebenen. Die dominierenden Managementfunktionen sind Planung und Kontrolle. Das ergibt ein vorwiegend auf Effizienz getrimmtes Gefüge mit insgesamt geringen persönlichen Entwicklungsmöglichkeiten. Mit einer derartigen Organisation lassen sich vorhersehbare Abläufe perfekt multiplizieren. (Dies ist auch der Grund, warum Henry Ford nur wenige Jahre später die Überlegungen Taylors leicht auf die Massenproduktion von Automobilen übertragen konnte.) Moderne Führungskonzepte wie Delegation, Partizipation und Selbststeuerung lassen sich hier jedoch ebensowenig realisieren wie die heutzutage unverzichtbare Innovationsorientierung der Belegschaft.

Es sei abschließend bemerkt, daß der ökonomische Spezialisierungsgedanke auch auf Regionen oder Länder übertragbar ist. Heutzutage finden wir es normal, daß sich Regionen auf bestimmte wirtschaftliche Aktivitäten konzentrieren – «Branchencluster» wie das kalifornische Silicon Valley, die norddeutschen Werften oder die norditalienische Textilregion zwischen Mailand und Modena liefern hierfür gute Beispiele. Analog kann das Konzept der Arbeitsteilung auch die zwischen Ländern bestehenden Import-Export-Beziehungen erklären. Wein aus Südafrika, Unterhaltungselektronik aus Japan, Spielzeug aus China, Autos aus Deutschland – wenngleich hier einiges im Wandel ist, so gehen diese Beziehungen doch zurück auf das Gedankengut von Adam Smith, David Ricardo und eben Frederick Taylor.

Das Unternehmen als organisierte Bürokratie: Max Weber

Erfolg oder Mißerfolg von Organisationen werden durch die in ihnen geltenden Regeln bestimmt. Mit seiner scharfen Analyse der zu Beginn des 20. Jahrhunderts noch nicht in ihrer Radikalität absehbaren Bürokratiefolgen sowie der Aufdeckung fundamentaler Funktionsprinzipien von Großorganisationen wurde

Max Weber zum maßgeblichen Deuter der Moderne. Der Gelehrte aus Thüringen war ein gesellschaftswissenschaftliches
Universalgenie, dessen Überlegungen bis heute ein unentbehr-
liches Rückgrat der Analyse formaler Gesellschafts- und Orga-
nisationsstrukturen bilden.

Max Weber wurde am 21. April 1864 als ältestes von acht
Kindern des angesehenen Justizangestellten Max Weber sen. in
Erfurt geboren. Bedingt durch den Umzug seines politisch enga-
gierten Vaters wuchs Max Weber in Berlin auf. 1882 begann er
nach Erledigung seiner «soldatischen Pflichten» das Jurastu-
dium in Heidelberg, das er 1889 in Berlin mit der Promotion
und einer Dissertation über Handelsrecht abschloß. Seine Habi-
litation über das altrömische Rechtssystem (1891) zeigt Webers
Faible für die Verbindung von Jura und Geschichte. Webers
wichtigste akademische Wirkungsstätten waren Freiburg, wo er
seine legendäre Antrittsvorlesung über «Wissenschaft als Beruf»
hielt, und Heidelberg, die Heimat seiner Mutter. Mit 32 Jahren
wurde Weber im Januar 1897 zum Ordentlichen Professor für
Nationalökonomie und Finanzwissenschaft in Heidelberg ernannt. Dies war bereits sein zweites Ordinariat.

Max Weber wirkte sowohl als Jurist wie auch als National-
ökonom und Soziologe; er war ein gesellschaftswissenschaftliches Universalgenie, das schon zu Lebzeiten Weltruhm er-
langte. In einem seiner Hauptwerke *Wirtschaft und Gesellschaft*
(postum erschienen 1921/22) beschreibt Max Weber den Ent-
wicklungsprozeß der Industriegesellschaft als eine zunehmende
«Entzauberung der Welt». Diese biete den Menschen zwar die
Möglichkeit einer rationaleren Umweltbeherrschung, schaffe
andererseits aber auch «Gehäuse neuer Hörigkeit».

Vor allem in der späten Kaiserzeit waren Webers Publikatio-
nen auch politisch einflußreich. Dazu verbindet sich mit seinem
Namen ein entschiedenes Eintreten für das wissenschaftliche
Wertfreiheitspostulat sowie die religionssoziologisch fundierte
Protestantismus-These, die durch den vieldiskutierten «clash of
civilizations» wieder in Mode gekommen ist. In der Aufsatzserie
Die Wirtschaftsethik der Weltreligionen, die seine Vorstudie *Die
protestantische Ethik und der ‹Geist› des Kapitalismus* (1906)

weiterführt, stellt Weber die abendländischen Wirtschaftsverfassungen als Ergebnis eines weitreichenden Rationalisierungsprozesses dar. Zwar warnt Weber in seinen – stilistisch oft etwas verunglückten – Schriften vor der simplen Gleichung «protestantische Kultur gleich wirtschaftlicher Erfolg», auf der anderen Seite zeigte er aber eben doch eindrucksvoll, was die Praxis der innerweltlichen Askese für die westliche Wirtschaftskraft bewirkt hat: Die Genügsamkeitszucht «wirkte mit voller Wucht gegen den unbefangenen Genuß des Besitzes, sie schnürte die Konsumtion, speziell die Luxuskonsumtion, ein. Dagegen entlastete sie (…) den Gütererwerb von den Hemmungen der traditionalistischen Ethik, sie sprengt die Fesseln des Gewinnstrebens, indem sie es nicht nur legalisierte, sondern (…) direkt als gottgewollt ansah».

Ein ebenso wichtiges Grundthema in Max Webers Schaffen war die von ihm ausgemachte Rationalisierung des menschlichen Handelns. Dieser Prozeß vollzieht sich nach Weber vor allem in drei Lebensbereichen: auf der Ebene der Institutionen, der Weltbilder und Glaubenssysteme sowie der praktischen Lebensführung. Für die Managementforschung interessiert insbesondere die Rationalisierung auf der Ebene der Institutionen, in die auch Webers berühmtes Bürokratiemodell gehört. Dort bezeichnet er die Versachlichung und Regulierung moderner Gesellschaften als «unser Schicksal».

Max Weber leitet sein Modell anhand zentraler Herrschaftsformen des Menschen ab. Während die sog. *traditionale Herrschaft* auf dem einst verbreiteten Glauben an die Heiligkeit und Gottgewolltheit seit jeher geltender Traditionen beruht, fußt die sog. *charismatische Herrschaft* vor allem auf der außeralltäglichen Ausstrahlung oder Vorbildlichkeit eines Menschen. Weber begreift die traditionale und die charismatische Macht als «vorrationale» Herrschaftsformen; nur die dritte Form, die sog. *legale Herrschaft*, wie sie in ihrer reinsten Form durch die Bürokratie ausgeübt wird, ist letztlich rational. Unter «Bürokratie» versteht Weber eine formal gesetzte, unpersönliche Ordnung, die qualifizierte Personen nach ausschließlich sachlichen Kriterien mit legaler Amtsautorität ausstattet. Damit bleibt Bürokratie – und mit ihr die regelbasierte Organisation als Institution – aber immer noch eine besondere Form der Machtausübung. Insofern ist der organisationstheoretische Bürokratiebegriff als Fachterminus sorgfältig vom popularisierten Bürokratiebegriff zu trennen, welcher vor allem die Schattenseiten dieses Prinzips hervorhebt – Stellenvermehrung, Regelungswut, Erstarrung, Regeleinhaltung als Selbstzweck.

Unschwer zu erkennen sind die Parallelen zwischen Webers Bürokratiemodell und zentralen militärischen Prinzipien: «Eine gut geführte Armee ist so organisiert, daß sie Niederlagen auf dem Schlachtfeld überlebt. Ein gut geführtes Unternehmen ist so organisiert, daß es das Auf und Ab der Märkte überlebt. (...) Wie in der Armee, so ist effiziente Macht auch in den großen zivilen Bürokratien pyramidenförmig aufgebaut. Die Pyramide ist ‹rationalisiert›, d. h. jedes Amt, jeder Teil hat eine genau definierte Funktion. Wandert man auf der Befehlskette von unten nach oben, sollte es immer weniger Menschen mit Entscheidungsgewalt geben, und wandert man umgekehrt von oben nach unten, kann die Organisation daher mehr Menschen aufnehmen, je weniger Macht man ihnen zubilligt. Man ist gut in seiner Arbeit, wenn man genau diese Arbeit macht und keine andere» (Sennett 2005, S. 27 f.).

Weber interpretiert die bürokratische Herrschaft als einen bewußten Gegenentwurf zu tradierten Herrschafts- und Verwaltungsformen, beispielsweise des Absolutismus. Während dort die Machterlangung durch Erbe oder Protektion gelingt, beruht in einer legalen Bürokratie das entsprechende Beamtenverhältnis auf einem unpersönlichen Kontrakt: Beamte werden aufgrund ihrer Fachqualifikation ausgewählt, nach festen Regeln entlohnt und schließlich auf Lebenszeit bestellt. Die Beamtenberufung geschieht nach dem sog. *ad rem-Prinzip*, d. h. zunächst besteht eine zu bewältigende Organisationsaufgabe (bzw. eine entsprechende Stelle dafür), und erst in einem zweiten Schritt wird eine zur Erfüllung dieser Aufgabe befähigte Person eingestellt. Die den Bürokraten als primäre Kommunikationsform vorgeschriebene «Aktenmäßigkeit» soll die Verläßlichkeit und Nachvollziehbarkeit ihrer Entscheidungen sichern.

Diese Vorstellungen können problemlos auf die Führung von Unternehmen übertragen werden. Ob August Borsig, Werner von Siemens oder Alfred Krupp – die Gründer der ersten Industrieunternehmen in Deutschland erwarteten von ihren Mitarbeitern genau das, was den Weberschen Bürokraten ausmacht: eine gute Ausbildung, Tüchtigkeit und Loyalität. Solange die Wirtschaftsbetriebe klein und überschaubar waren, genügte zu ihrer Verwaltung noch eine kleine Schar von Werkstattleitern und Buchhaltern. Die Gründer und Inhaber der Unternehmen leiteten die Geschäfte. Doch vor allem durch staatliche Aufträge wuchsen die genannten Unternehmen in Webers Jugendzeit schon bald zu stattlichen Großunternehmen heran, in denen die derart eingesetzten Verwaltungsexperten bezeichnenderweise als «Privatbeamte» tituliert wurden. Die betriebliche Expansion führte letzten Endes zur Herausbildung eines neuen Mitarbeitertypus, des «Angestellten». Dieser Beschäftigtentypus professionalisierte sich immer weiter und legte sich im Verlauf der Geschichte zusätzliche Fähigkeiten und Handlungsrechte zu. Dies markiert nichts weniger als die Geburtsstunde des hauptamtlichen Managers: Der einstige «Privatbeamte» ist die heutige Fach- und Führungskraft.

Offenkundig war die Bürokratie als übertragbares Gestaltungskonzept allen anderen Verwaltungsformen überlegen. Dementsprechend beeindruckt war Weber von der «maschinenförmig glatten Funktionsweise» bürokratischer Hierarchien – ihre Präzision, Einheitlichkeit, Diskretion, straffe Führung und die hierdurch ermöglichte Ersparnis an sachlichen und persönlichen Kosten schienen das ideale Organisationsprinzip der Moderne zu sein. Dies vor allem erklärt nach Weber die allmähliche Verdrängung selbständiger Kleinbetriebe durch rational administrierende Großbetriebe.

Bis heute streiten sich die Gelehrten darüber, ob Weber mit seinen Überlegungen ein Sollschema zur Erhöhung der Verwaltungseffizienz abfassen oder eher das Entstehen und offensichtlich erfolgreiche Wirken großer Unternehmen in der industriellen Gesellschaft im 19. Jahrhundert erklären wollte. Immerhin war Max Weber von Haus aus kein Organisationstheoretiker, sondern Soziologe. Er war Mitbegründer der 1910 ins Leben gerufenen *Deutschen Gesellschaft für Soziologie*, die sich damals als Gegenentwurf zum wesentlich praktischer orientierten *Verein für Socialpolitik* verstand. Vor diesem Hintergrund interessiert sich Weber auch für den einzelnen Menschen als Bürokratie-Betroffenen. In diesen Kontext gehört das berühmte Wort von den Bürokratien als «stahlharte Gehäuse», aus deren Regelgerüst es kein legales Entkommen und in denen es keinen sachfremden Aufstieg gibt. Wie eindringlich beklagt Weber, daß die Verfolgung des Prinzips der unpersönlichen Sachlichkeit in Organisationen deren Entpersönlichung vorantreibt! Wie deutlich wird durch ihn, daß der organisatorischen Berechenbarkeit beinahe zwangsläufig ein anonymes Entscheiden ohne gefühlsmäßige Beteiligung und Selbstverantwortung der Beteiligten gegenübersteht! Insofern muß die Legitimität der Regelsetzung reflektiert, aber auch nach Legitimität der Regelverletzung gefragt werden. Ansonsten droht das, was Organisationssoziologen «substantielle Irrationalität» nennen: Die Entscheidungen der Verwaltungsfachleute gelten zwar für alle gleich – aber heißt formale Gleichbehandlung auch gerechte Behandlung? In diesen Kategorien denken die Weberschen Fachbeamten nicht.

In Deutschland existierten im Jahr 2006 auf Bundesebene 2197 Gesetze und 3131 Verordnungen mit insgesamt über 86 000 Einzelvorschriften. Weber sah genau dies voraus: Bürokratien entwickeln mit der Zeit ein Eigenleben und verschließen sich immer entschiedener einem notwendigen Wandel. Die Regeln verschieben sich von sinnvollen Mitteln der Alltagsbewältigung zu verselbständigten Zwecken.

1919 erhielt Max Weber, nachdem er zuvor noch als Berater der deutschen Delegation bei den Versailler Friedensverhandlungen fungiert hatte, einen Ruf nach München, den er annahm und mit dem er die Nachfolge Lujo Brentanos antrat. Kaum nach München umgezogen, erkrankte Weber kurz vor Fronleichnam 1920 an einer Erkältung, die sich bald darauf zu einer Lungenentzündung ausweitete. Am 14. Juni 1920 ist Max Weber in München gestorben. Die von ihm brillant analysierte Verbreitung bürokratischer Merkmale in der Wirtschaft und Gesellschaft des ausgehenden 19. Jahrhunderts wurde zum Grundstein für die Entstehung auch der betriebswirtschaftlichen Organisationsforschung als eigenständiger wissenschaftlicher Disziplin.

Das Unternehmen als soziale Einheit:
Elton Mayo

Der aufmerksame Leser mag sich mittlerweile gefragt haben, wo denn ganz konkret der Mensch in den bislang skizzierten Managementkonzepten bleibt; die erwerbswirtschaftliche Unternehmung als Organisation war bis hierhin eher als Abstraktum interessant. Soziale Beziehungen am Arbeitsplatz waren sowohl Frederick Taylor als auch Max Weber weniger wichtig, ihnen ging es vorrangig um effiziente Regelungssysteme. Management hat aber nicht nur eine technokratische, sondern auch eine zutiefst menschliche Seite. Daß der zwischenmenschliche Faktor erstmals Einzug in die Managementlehre hält, ist eigentlich einem Zufall zu verdanken. Die Wege der Erkenntnis verlaufen auch in der Sozialwissenschaft nicht immer geradlinig; bittere Niederlagen stehen neben ungeahnten Triumphen. Dies zeigt sich vor allem an der Arbeit George Elton Mayos.

Mayo, geboren 1880 in Australien, studierte zunächst Logik und Philosophie. Sein Ruhm in der Managementlehre entstand nur langsam und über Umwege; denn Mayos späterer Ansatz der «Human Relations» steht anfänglich in einer ganz anderen Forschungstradition. Bereits Taylor war ja ergonomisch interessiert; er wollte u. a. durch eine körpergerechte Gestaltung von Werkzeugen und Arbeitsmitteln die Arbeitsbedingungen verbessern. Aus seinen Experimenten entwickelte sich später die sog. Psychotechnik. Der Begriff stammt von William L. Stern (1871–1938), einem emigrierten deutschen Experimentalpsychologen. Als Begründer der angewandten Psychologie (und, nebenbei, als Erfinder des «IQ») interessierte sich Stern – wiederum aufbauend auf den Arbeiten älterer deutscher Physiologen und Psychologen – für die Lehre von der Menschenbehandlung. Diese umfaßt sowohl Studien zum Ermüdungsproblem als auch Aspekte der direkten Mitarbeiterführung. Die Leitidee der

Elton Mayo (1880–1949)

Psychotechnik besagt, daß durch eine systematische Berücksichtigung psychologischer Arbeitsfaktoren die Produktivität
von Mitarbeitern weiter gesteigert werden kann. Hatte sich
Taylor noch auf körperliche Merkmale seiner Arbeiter konzentriert (Größe, Gewicht, Muskelstärke, Schnelligkeit), zielen die
Vertreter der Psychotechnik eher auf deren psychische Merkmale (Lernfähigkeit, mentale Belastbarkeit, Mut, Flexibilität).
Beide Forscher(gruppen) eint natürlich die These, daß «der
richtige Mann an den richtigen Platz» gehört, daß also eine bestimmte Arbeit nur durch einen bestimmten Arbeitertyp schnell
und sachgerecht ausgeführt werden kann. Darauf aufbauend
sollte von der Unternehmensleitung versucht werden, die jeweils geeigneten Arbeitsbedingungen (Beleuchtung, Lage und
Dauer der Arbeitszeit, Pausenregelung, Raumtemperatur etc.)
herzustellen. Wichtige Untersuchungen hierzu wurden bezeichnenderweise in England vom *Industrial Fatigue Research Board*
betrieben.

Hier nun kommt Elton Mayo ins Spiel: Auch sein Forscher-
team versucht, durch eine kontrollierte Variation objektiver Arbeitsbedingungen die menschliche Produktivität zu verbessern.

Insofern ist nicht sein Ansatz neu, sondern seine Schlußfolgerung aus den hierbei gemachten Erfahrungen. Mayo und seine Mitarbeiter Roethlisberger, Dickson und Whitehead wählen für ihre Studie ein Tochterunternehmen der amerikanischen Telefongesellschaft AT&T, die Western Electric Company und ihr Werk in Hawthorne. Die später weltberühmten «Hawthorne-Experimente» gelten heute als Wende und Wegscheide der Managementforschung. Gegenstand der Untersuchungen ist zunächst der Einfluß der Arbeitsräume und der Arbeitsbeleuchtung auf die Leistung von Arbeiterinnen, die u. a. Schaltdrähte auf kleine Metallplatten löten.

Von den insgesamt sechs Untersuchungsreihen bringt das «Bank Wiring Room Experiment» die entscheidende Beobachtung. Variiert wird von Mayo hier die Beleuchtungsstärke in den Montagehallen. Dies gilt aber nur für eine Gruppe von Arbeiterinnen – die andere Gruppe, eine in der experimentellen Forschung übliche Kontrollgruppe, wird ebenso über das Experiment informiert, jedoch bleiben dort alle Parameter unverändert. Das überraschende Ergebnis: Während der verschiedenen Lichteinstellungen steigen die Leistungen kontinuierlich an, und zwar eben auch bei der Kontrollgruppe. Dies gilt selbst für eine faktische Verschlechterung der Lichtverhältnisse. Es wird letztlich das erzeugt, was in der Medizin als Placebo-Effekt bekannt ist – der Patient vertraut einem Medikament, das nur ein Muster ohne Wert ist, die heilende Wirkung tritt mit der Zeit dennoch ein. Natürlich sucht Mayo nach einer plausiblen Erklärung; am Ende glaubt er, daß die Produktivität der Arbeiterinnen allein dadurch schon gestiegen ist, daß sie aus Dankbarkeit und gewachsenem Selbstwertgefühl – schließlich kümmert sich ein Gelehrter um ihre Bedürfnisse – stärker motiviert sind. Mayo schließt daraus auf die Kraft sozialer Phänomene: Ein Mitarbeiter wird nicht nur durch materielle Anreize (z. B. mehr Lohn) oder verbesserte Arbeitsbedingungen motiviert, sondern durch menschliche Zuwendung und kollegiale Unterstützung. Dies ist die Sternstunde der verhaltenswissenschaftlich orientierten Managementlehre: Es geht beim alltäglichen Arbeiten eben auch um «Human Relations». Das unerwartete Resultat der Studie von Mayo geht als *Hawthorne-Effekt* in die Forschungsgeschichte ein.

An Mayos Wirkungsgeschichte kann man über die reinen Resultate hinaus zwei Einsichten festmachen. Zum einen dürfen die methodischen Einwände, ja die bisweilen boshafte Kritik von Fachkollegen an der Hawthorne-Studie nicht unerwähnt bleiben. Mayos Experimente galten nicht wenigen als «fake» – Menschen legen sich einfach mehr ins Zeug, wenn Forscher sie beobachten und kontrollieren. Außerdem waren die Bedingungen der Kontrollgruppe nicht identisch: Zum Teil wurden deren Mitglieder anders geführt und während der Untersuchung schlechter bezahlt. Zum anderen zeigt das Beispiel, wie schwierig es vor allem in den Sozialwissenschaften ist, Erkenntnisse an einzelnen Studien oder Personen festzumachen. Wissenschaftshistoriker verweisen darauf, daß bereits vor Mayo der nämliche Effekt bemerkt wurde, u. a. angeblich vom britischen Industriepsychologen C. Myers, der in den 1920er Jahren ebenfalls Ermüdungsstudien betrieben hatte. Dieser Zeitverzug kann damit zusammenhängen, daß beide Studien erst Jahre später durch Schüler breitenwirksam publiziert wurden.

Was bleibt ist die uns heute selbstverständliche Einsicht, daß der arbeitende Mensch nicht nur guten Lohn erhalten will, sondern sein Unternehmen häufig auch als soziale Heimat betrachtet. Gute soziale Beziehungen am Arbeitsplatz vermögen den Sinnverlust zu kompensieren, der in anonymen Großorganisationen fast unweigerlich eintritt: Als «kleines Rädchen im Getriebe», das den Gesamtzusammenhang der betrieblichen Aktivitäten kaum mehr zu erkennen vermag, braucht der einzelne Mitarbeiter die einfühlende Zuwendung von Vorgesetzten wie Kollegen. Berufliches Arbeiten ist keine allein materielle Angelegenheit; im Umkehrschluß ist der Arbeitslose nicht nur ökonomisch, sondern vor allem auch sozial und psychologisch deklassiert. Anschlußstudien zeigen in diesem Sinn, daß viele Menschen ihre Identität über ihr unmittelbares Arbeitsumfeld definieren. Häufig sind für das berufliche Engagement die Normen und Erwartungen der Kollegen wichtiger als die Anweisungen des Vorgesetzten.

Auf die Hawthorne-Studie ist möglicherweise sogar das Schisma der heutigen Betriebswirtschaftslehre zurückzuführen, die sich mittlerweile in eine mathematisch-quantitativ ausgerichtete *Quantitative Science* und eine psychologisch-qualitativ ausgerichtete *Behavioral Science* ausdifferenziert hat. Die mit dieser Separierung einhergehende Ideenkonkurrenz kann einerseits als gesunde akademische Arbeitsteilung gesehen werden. Anderererseits ist unbestreitbar, daß die verhaltenstheoretische Sicht betrieblicher Phänomene letztlich zu einem paradigmatischen Auseinanderleben geführt hat. Bis heute stehen sich beide Lager in der Betriebswirtschaftslehre als eigenständige Schulen wenn nicht unversöhnlich, so doch zumindest weitgehend unverbunden gegenüber.

Mit Mayos Arbeit kommt schließlich eine weitere, uns heute gut vertraute Entwicklung in Gang: die kommerzielle Versilberung wissenschaftlicher Erkenntnisse. Wenn für einen guten Manager technische Fähigkeiten allein nicht mehr genügen, sondern er nun zusätzlich über soziale und psychologische Kompetenzen verfügen soll, dann muß in aller Regel nachgeschult werden. Entsprechende Verfahrensweisen, die sog. Human Relations-Techniken, konnte man schon bald gegen Geld in mehrtägigen Schulungen erlernen. Wie geht man herzlich mit seinen Untergebenen um? Wie äußert man Kritik? Wie sind Mitarbeitergespräche zu führen? Wann sollte ein Mitarbeiter gelobt werden? Wie baut man Vertrauen auf? Die Führungskraft ist für derartige Fragen zu sensibilisieren; sie muß den Untergebenen als soziales Wesen erkennen und mit einem veränderten Führungsstil der Entpersönlichung in den Unternehmen entgegenarbeiten. Wir würden das heute «beziehungsorientierte Führung» oder «emotionale Intelligenz» nennen.

Das Unternehmen als kundenorientierte Fabrik: Alfred P. Sloan

William C. Durant (1861–1947) gründete im Jahr 1908 die General Motors Company of New Jersey. Durant wird als ungezügelter Spielertyp beschrieben; sein Verhalten war oft unbe-

rechenbar und löste bei seinen Mitarbeitern des öfteren Irrita-
tionen aus. Unter Durant operierte General Motors ohne eine
nennenswerte Führung und Kontrolle. Verfügbaren Quellen zufolge gab es bei GM nicht einmal eine offizielle Buchführung,
bis Alfred P. Sloan, der bis 1920 die rechte Hand und dann
Nachfolger von Pierre DuPont war, erstmals bei General Motors eine reguläre Jahresabschlußprüfung einführte.

Alfred P. Sloan, am 23. Mai 1875 in New Haven, Conneticut,
geboren und damit kaum jünger als der Firmengründer, steht
heute sowohl für eine straffe Binnenorganisation als auch für
die Neuausrichtung der Automobilbranche anhand kunden-
orientierter Vorstellungen. Während der große Gegenspieler
von GM, Henry Ford, ein Auto vor allem als technisches Produkt sah, das die Käufer nicht primär wegen dessen Entspre-
chung mit ihren Wünschen wählten, sondern eher aufgrund
eines niedrigen Preises, setzte Alfred Sloan auf einen markt-
bezogenen Qualitätsbegriff: Aus seiner Sicht sollte ein Auto in
erster Linie nach den Anforderungen der Kunden gestaltet werden. Ford war hingegen produktionsfixiert: er hatte die tayloristischen Prinzipien der größtmöglichen Arbeitszerlegung konsequent auf die Maschinenarbeit übertragen und damit die industrielle Massenproduktion begründet. Deren Effizienz war für
damalige Verhältnisse geradezu sagenhaft. Im Jahr 1920 fuhr
bei Ford in Detroit jede Minute ein Auto vom Band, und sein
unscheinbares Modell T hatte einen Marktanteil von 60 Prozent in den USA.

Sloan setzte dem den Versuch entgegen, den Markt für Autos
in diverse Segmente einzuteilen und dann möglichst maßge-
schneidert für jedes Segment ein GM-Modell zu entwerfen. Sein
Ziel war es, «a car for every purse and purpose» zu bauen. Seit
dieser Idee operieren die Autohersteller bis heute mit einer diffe-
renzierten Marktbearbeitung. Zugleich war Sloan damit der Erfinder der automobilen Mittelklasse. Ihm kam dabei entgegen,
daß Durant bis 1910 für sein Unternehmen etwa 25 kleinere
Firmen mehr oder weniger geordnet hinzugekauft hatte; die
Marken Buick, Pontiac und Chevrolet gehörten dazu, ab 1929
auch die deutsche Firma Adam Opel. Diese Firmen leiteten sich

Alfred P. Sloan (1875–1966)

praktisch selbst, stimmten sich kaum ab oder traten zum Teil sogar mit aggressiven Methoden gegeneinander an. Das Mutterunternehmen nahm seine integrierenden Aufgaben nur unvollkommen wahr.

Bei Ausbruch der Rezession 1920 geriet GM außer Kontrolle und mußte kurzfristige Kredite in Höhe von über 80 Millionen Dollar aufnehmen, um seinen laufenden Verpflichtungen nachkommen zu können. Wegen des akquisitorischen Appetits seines Firmengründers, der sich in seiner ungezügelten Expansionslust mehr Unternehmen einverleibte als er sich leisten konnte, bot GM eine überbreite Produktpalette für den ins Stocken geratenen Markt an. Erst Alfred P. Sloan, der 1892 bis 1895 «Elektrisches Ingenieurwesen» am Massachusetts Institute of Technology studierte und dann ab 1899 – im Alter von 24 Jahren – die Hyatt Roller Bearing Company leitete (die später ebenfalls von GM aufgekauft wurde), hatte den Mut zur straffen Leitung. Ins herrschende Durcheinander brachte Sloan System und Ordnung. Dabei kamen ihm seine außergewöhnlichen Talente als Organisationsgestalter zugute. Sloan war 1918 noch von Durant zum Vizepräsidenten ernannt worden. Am 8. Mai 1923 war es dann soweit, sein Lebenstraum erfüllte sich: Er wurde der Präsident und Vorstand von General Motors.

Er übernahm ein schwerfälliges Konglomerat von Unternehmen und Unternehmensteilen, das damals acht verschiedene Modelle anbot. Die Leiter der einzelnen Konzerntöchter betrachteten oft nicht Henry Ford, sondern ihre hauseigenen Kollegen als Konkurrenten. Sloan eliminierte drei Modelle und entschied, daß die verbleibenden fünf Firmen (Buick, Pontiac, Oldsmobile, Chevrolet und Cadillac) sich auf je ein spezielles Marktsegment konzentrieren sollten. Sie sollten außerdem von nun an regelmäßig überarbeitet und verbessert werden. Damit war aus ungesunder Konkurrenz eine gesunde geworden. Ford setzte dagegen weiter auf Niedrigpreis, Zuverlässigkeit und Einheitlichkeit. Es galt der Spruch «Ford bietet seinen Kunden jede Farbe an, solange die Farbe schwarz ist». Bei General Motors konnte der Kunde sein Auto nach Geldbeutel und Geschmack wählen. Sloan hatte zudem noch eine für die damaligen Spielregeln der Branche unerhörte finanzielle Revolution parat: Er bot interessierten Kunden die Inzahlungnahme von Altwagen an.

Daneben reorganisierte er das Unternehmen im Inneren. Die Grundlage war eine 1919/20 durchgeführte Organisationsstudie. In seinem darauf aufbauenden, berühmt gewordenen sog. Organisationsplan versuchte Sloan, die wichtigsten Vorzüge der Dezentralisierung beizubehalten und dem Unternehmen zugleich den Nutzen einer zentralisierten Unternehmenspolitik zu verschaffen. Zu letzterem gehörten u. a. die strikte Kontrolle der Finanzen durch die Zentrale sowie ein zentralisiertes Budgetierungssystem. Darüber hinaus oblag der GM-Zentrale nunmehr die Steuerung der Kommunikation zwischen den einzelnen Unternehmensbereichen. Mit der Einführung des sog. Politikausschusses schuf Sloan erstmalig eine Verbindung von Zentralfinanzen und Geschäftsführung und trennte zugleich die strategische Unternehmenspolitik von der reinen Verwaltung. Dies entspricht einer «koordinierten Dezentralisation».

Sloans Organisationsplan basiert auf zwei Hauptsäulen. Einerseits wurden die angesammelten Unternehmen bewußt als autonome Geschäftseinheiten beibehalten – die Verantwortung der jeweiligen Bereichsleiter sollte so wenig wie möglich eingeschränkt sein. Jede Unternehmenseinheit sollte im Besitz möglichst aller notwendigen Funktionen (Einkauf, Fertigung, Design) sein, um so eigene Initiativen entfalten zu können. Andererseits wurden aber doch bestimmte Zentralfunktionen eingerichtet, die für die widerspruchsfreie Entwicklung des Gesamtunternehmens unentbehrlich waren. Diese Zentralfunktionen wurden dem Einfluß der Bereichsleiter entzogen. Damit gibt es drei Managementgruppen: Die Spartenmanager, die das Tagesgeschäft regeln und Weisungsbefugnis über ihre Mitarbeiter innehaben, Teams von beratenden Spezialisten, die die Spartenmanager mit ihrer Expertise unterstützen sollen, und diejenigen Manager, die die einzelnen Konzerntöchter koordinieren und beaufsichtigen sollen.

Sloan war sich des diesen Maßnahmen innewohnenden Konfliktpotentials bewußt. Er empfand deutlich die Schwierigkeit, eine Balance zwischen der Freiheit der Einzelbereiche und der notwendigen unternehmerischen Gesamtkontrolle zu finden. Aber der große Vordenker der amerikanischen Autoindustrie erkannte eben sehr früh, daß GM nur dadurch erfolgreicher werden konnte, daß es nicht so sehr seine Produktion (wie bei Ford), sondern eher seinen Marktauftritt und vor allem seine Organisation verbesserte. Nur eine kompetente Zentrale ist in der Lage, die logische Entwicklung des Gesamtunternehmens sicherzustellen.

Wenngleich GM heute wesentlich zentralisierter auftritt, so haben die damaligen Überlegungen von Alfred P. Sloan das Unternehmen doch zu einem lange anhaltenden Erfolg geführt. Heute kämpft GM um sein Überleben, vormals war es lange der zweitgrößte Automobilproduzent der Welt. Dieser außerordentliche Erfolg ist zum einen auf die spartenbezogene Belebung des internen Wettbewerbs und die geschickte Markenpolitik zurückzuführen, zum anderen auf die einfühlsame Ausbalancierung von Spartenautonomie und Zentralität. 1937 trat Alfred P. Sloan als Präsident von GM zurück, war dann noch einige Jahre Geschäftsführer und nahm 1956 seinen endgültigen Abschied aus Detroit. Von 1956 bis zu seinem Tod am 17. Februar 1966 war er GM-Ehrenvorsitzender. Zwei Jahre vor seinem Tod veröffentlichte er seine Lebenserinnerungen (die bei ihm bezeichnenderweise nur Arbeitserinnerungen sind): «Meine Jahre mit General Motors».

Letztlich zeigte Sloan, daß man den Kundenwunsch an die erste Stelle der Managementprioritäten setzen muß und daß nichts so alt ist, wie das Modell von gestern. Zugleich sah er auch innerbetriebliche Verbesserungsmöglichkeiten – er förderte den Wettbewerb seiner Manager untereinander, ließ ihnen dazu genügend Spielräume, stärkte aber parallel auch die Zentralgewalt der obersten Firmenlenker. So entstehen Konzerne aus einem Guß, die – ein bekanntes Wort des preußischen Feldmarschalls Moltke abwandelnd – «getrennt marschieren und vereint schlagen». Sloans koordinierte Dezentralisation dürfte bis heute das optimale Konzept für einen weltweit operierenden Konzern sein.

Das Büro von Alfred P. Sloan lag in einem Ausläufer der 14. Etage des riesigen GM-Gebäudes. Wortkarg und abweisend war Sloan kein reiner Quell der Freude für seine Mitarbeiter. Doch der Respekt, den die GM-Manager (und die Managergilde überhaupt) heute noch diesem Mann entgegenbringen, ist enorm. Er zeigt sich u. a. an der Tatsache, daß das MIT eine *Sloan School of Management* besitzt und unter seinem Namen eine wichtige Managementzeitschrift herausgibt: die bis heute einflußreiche *Sloan Management Review*. Es heißt außerdem, daß bei GM immer noch mit ehrfürchtiger Bewunderung vom «14. Stock» gesprochen wird.

Das Unternehmen als sozio-technisches System:
Hans Ulrich

Die Darstellung der systemtheoretischen Schule soll zum Anlaß genommen werden, um einmal etwas grundsätzlicher das modelltheoretische Vorgehen der Managementforschung zu beleuchten. Nach vielfältigsten programmatischen Zersplitterungen fühlte man sich in den 1970er Jahren einem universalen Managementparadigma sehr nahe: Jedenfalls ist die von den Vorstellungen der kybernetischen Biologie inspirierte Allge-

meine Systemtheorie damals mit einem entsprechend selbstbe-
wußten Anspruch aufgetreten. In das damit verbundene Ideen-
gebäude wurden bezüglich seiner Integrationskraft große Hoff-
nungen gesetzt: eine *unity of science* schien greifbar. Ganzheit-
liches, weil vernetztes Denken sollte in die Führungsetagen von
Wirtschaft und Politik einziehen. Dies war das Anliegen vor
allem Hans Ulrichs, der als geistiger Vater der betriebswirtschaftlichen Systemtheorie anzusehen ist.

Hans Ulrich wurde am 12. November 1919 im Schweizerischen Brig geboren. Er studierte zunächst in Zürich Ingenieur-
wissenschaft, brach das Studium aber 1940 zugunsten der Wirtschaftswissenschaften ab. Ulrich immatrikulierte sich in Bern.
1954 erhielt er einen Ruf an die damalige Handelshochschule
(heute Universität) St. Gallen. Dieser Einrichtung, die er mit seinem St. Galler Managementansatz berühmt machen sollte, blieb
er bis zu seiner Emeritierung 1985 treu. Hier fand er ein opti-
males Wirkungsfeld, in dem er Unternehmensführung, Organi-
sationslehre und praktische Berufsausbildung miteinander ver-
knüpfen konnte. Das St. Galler Management-Modell wurde
seitdem als Anleitung zum ganzheitlichen Denken an viele Generationen nicht nur Schweizer Führungskräfte vermittelt. Es
verankerte zugleich die Interpretation der Unternehmung als
soziales System. Einen Tag vor Heiligabend 1997 verstarb Hans
Ulrich, dessen Sohn Peter als Professor für Management bereits
in die Fußstapfen des Vaters getreten war.

Als Überdisziplin – Ulrich sprach lieber von «Transdisziplin»
– will die Systemtheorie Gemeinsamkeiten zwischen unterschiedlichen Systemtypen herausarbeiten. «Materiell verschie-
denartige Objektsysteme können häufig durch formal-isomor-
phe (strukturgleiche, d. Verf.) Systemgesetze erklärt werden»
(Erwin Grochla). Demnach liegt ein deduktiver Ansatz vor:
Gleich, ob man ein biologisches Ökosystem, ein kommunales
Verkehrssystem, ein staatliches Wirtschaftssystem oder ein betriebliches Logistiksystem betrachtet – die Allgemeine Systemtheorie glaubt, auf der Basis universaler Gesetzmäßigkeiten Zusammenhänge besser verstehen und somit zugleich angemesse-
nere Steuerungsempfehlungen geben zu können.

Die biologischen Wurzeln dieser Idee sind bekannt. Die Annahme, daß künstlich geschaffene Systeme – wenn sie stabil bleiben wollen – ähnliche Eigenschaften aufweisen müssen wie natürliche Systeme, läßt die Übertragung in der Natur wirksamer Steuerungsregeln auf Wirtschaftsorganisationen möglich erscheinen. Natürliche Systeme können z. B. durch nischenartige Anpassung an ihre Umwelt den Selektionsprozessen der Natur entgehen – analog können dem Wettbewerb ausgesetzte Unternehmen durch die Wahl geeigneter Marktnischen und Marktstrategien ihren Bestand sichern. Überdies sind auch betriebswirtschaftliche Organisationen als umweltoffene, umweltempfindliche Gebilde anzusehen. So wie ein natürlicher Organismus Licht und Nahrung braucht, so benötigt ein Unternehmen den ständigen Zufluß von Personal, Rohstoffen, Informationen, Geld. Die erstmalige Nutzbarmachung des systemischen Denkens für die Managementtheorie ist wohl Stafford Beers *Kybernetik und Management* (1964) zu verdanken. Beide Systeme – das natürliche wie das von Menschenhand geschaffene – können demzufolge nach kybernetischen Prinzipien regelkreisartig gesteuert werden. In der weiteren Ausarbeitung des Systemansatzes wird dieser verstärkt um den «Faktor Mensch» ergänzt, d. h. die eher technischen Vorstellungen der Kybernetik wandeln sich in ein sozio-dynamisches Konzept, in dem das System Unternehmung ein Eigenleben erhält. Heute existieren diverse Richtungen der betriebswirtschaftlichen Systemtheorie. Für die deutsche («Münchner») Spielart steht der Name Werner Kirsch. Dieser betont ebenfalls die Unvorhersehbarkeit der Systemreaktionen auf gezielte Steuerungsimpulse.

Da das einzelne Unternehmen im Wettbewerb mit anderen steht, kann es niemals autark handeln. Es darf aber nicht nur auf die Verwertungsseite seiner Tätigkeit, den Absatzmarkt, starren, sondern muß seine vielfältigen Einbettungen erkennen. Schließlich konkurriert es als umweltoffenes System auch auf der Inputseite, z. B. beim Kampf um Investoren, geistiges Eigentum, knappe Rohstoffe oder hochtalentiertes Personal («war for talents»). Von jedem System wird daher auch *Lernfähigkeit* verlangt: Mit welchen strategischen und strukturellen Reak-

tionen kann man sich am besten den permanenten Umweltän-
derungen anpassen – den Rohstoffverknappungen, den flüchti-
gen Wünschen der Kunden, den veränderten Werten der Berufs-
anfänger?

Diese Fragen richtig und zukunftsweisend zu beantworten,
ist Aufgabe der Unternehmensführung. Der Systemansatz
mahnt hier zur Bescheidenheit: Längst nicht alles ist von der
Unternehmensführung gestaltbar. Eine mechanistische Rege-
lungs- und Kontrollvorstellung verbietet sich. Zu dieser Erkenntnis tragen auch einbezogene Nachbarwissenschaften bei:
der von Darwin inspirierte populationsökologische Ansatz, die
Theorie der biologischen Selbstreferenz (Autopoiese) von Ma-
turana und Varela, die Ökosystemforschung von Frederic Ve-
ster, die – sehr populär gewordene – Kommunikationstheorie
von Paul Watzlawick. Im Lichte dieser Einsicht ist Management
das Handeln vieler und außerdem eher indirektes Einwirken
statt voluntaristische Steuerung. Manager können demnach nur
sinnvoll handeln, wenn sie die Beschränkungen ihrer Wirksamkeit akzeptieren. Außerdem müssen sie die Neben- und Fern-
wirkungen ihrer Entscheidungen berücksichtigen. In experimentellen Entscheidungssituationen – wie z. B. dem fiktiven Ta-
naland, das der Bamberger Psychologe Dietrich Dörner seine
Studenten «regieren» läßt – besteht der Hauptfehler oft darin,
das komplexe (und dadurch oft undurchschaubare) Gesamtsystem als Anhäufung von Einzelsystemen zu behandeln. Quer-
verbindungen werden übersehen.

In diesem Sinn müssen Manager das heutige Grundproblem
meistern: die Beherrschung von Komplexität. Um die Verbreitung dieses Seitenthemas hat sich insbesondere Fredmund Malik, ein Schüler Ulrichs, verdient gemacht. Sein Hauptwerk *Strategie des Managements komplexer Systeme* zählt nicht umsonst
zu den Bestsellern der Managementliteratur. In Anlehnung an
den Kybernetiker Ashby wird herausgearbeitet, daß die Hand-
lungsbreite («Varietät») der Unternehmung mindestens ebenso
groß sein muß, wie das Ausmaß möglicher Umweltvariationen.
Ins Praktische übersetzt heißt das: Das Unternehmen muß flexibel hinsichtlich seiner Produkte, Fähigkeiten, Planungen, Stra-

tegien sein; es muß so viele Variationen erzeugen können, daß es
die Veränderungen in seiner Umwelt – technologische Innovationen, neue Konkurrenten, novellierte Gesetze etc. – auffangen
kann.

Allerdings kann es nicht nur darum gehen, Varietät zu erzeugen: Auch Überkomplexität ist schädlich! Denn Komplexität
bindet Aufmerksamkeit und Energie, das Führungspersonal ist
intellektuell wie zeitlich rasch überfordert. In diesem Licht werden aktuelle Managementkonzepte, wie z. B. der Rückzug auf
wenige Geschäftsfelder oder die Konzentration auf sog. Kern-
kompetenzen, verständlich. Wenn sich Unternehmen auf ihre
Kernfähigkeiten beschränken, dann verzichten sie darauf, Teile
ihrer Wertschöpfungskette selbst zu erledigen; sie gliedern dann
für sie weniger wichtige Teilprozesse, wie z. B. die Buchhaltung
oder den Warenvertrieb, an Dritte aus. Das entsprechende
Outsourcing verringert die betriebliche Fertigungstiefe und reduziert somit Komplexität. Die Unternehmung kann sich auf
das konzentrieren, was wichtig ist und was sie am besten kann.
Als Resultat besitzen die meisten Automobilhersteller heute nur
noch einen Wertschöpfungsanteil von 20–30 Prozent, d. h. die
Hauptarbeit wird von Partnerfirmen geleistet.

Wie jedes andere Wissenschaftsprogramm steht auch der sy-
stemtheoretische Ansatz vor gewissen Erkenntnisbarrieren, die
mit der bewußten Beschränkung auf ausgewählte Problemper-
spektiven verbunden sind. Will man zu verallgemeinerbaren
Aussagen kommen, müssen *abstrahierende Modelle* gebildet
werden. Als Hilfskonstruktionen dienen diese letztlich der ver-
einfachten Auseinandersetzung mit der «Realität». Bei der Mo-
dellformulierung ist jedoch darauf zu achten, daß nicht bereits
durch den formalen Modellansatz vermeidbare Erkenntnisgren-
zen erzeugt werden. Das wäre vor allem dann zu erwarten,
wenn mit der Wahl eines ungeeigneten Modells entweder eine
übergroße Abstrahierung, d. h. ein zu hoher Informationsver-
lust, oder andererseits eine zu stark eingeengte Problemsicht
verbunden wäre.

Dem Systemansatz ist insofern sein hohes Abstraktionsniveau
vorzuhalten. Er will einerseits die Integration disziplinfremder

Erkenntnisse ermöglichen, andererseits aber eben auch möglichst detaillierte Empfehlungen geben. Die inhaltliche Spannweite der Systemtheorie wird nicht zuletzt durch ihren «neutralen» Begriffsapparat gefördert – prinzipiell kann alles als «System» betrachtet werden. Die Systemtheorie bietet so eher einen formalen Rahmen, der sich vor allem in einer bestimmten Nomenklatur sowie sehr grundsätzlichen Anleitungen manifestiert. Konkrete Empfehlungen für Praktiker sind nur in sehr begrenztem Maße zu erhalten.

Ein zweiter Haupteinwand bezieht sich auf die formale Gleichsetzung von natürlichen und künstlichen Systemen. Insbesondere Sozialsysteme besitzen besondere Eigenschaften. Im menschlichen Organismus gibt es zwar u. a. ein Herz-Kreislaufsystem oder ein Immunsystem, aber eben keine Hierarchie. Unternehmen aber besitzen und brauchen hierarchische Strukturen. Außerdem: Darwinistischen Prozessen ausgesetzte Lebewesen können ihre Umwelt kaum beeinflussen – die Manager eines großen Konzerns schon. Die Natur evolviert in Jahrhunderten, ein Unternehmen hat diese Zeit nicht, es muß in immer schnellerer Folge seine Produkte erneuern oder seine Abläufe neu ausrichten. Der betriebswirtschaftliche Systemansatz stößt hier offenbar an die Grenzen seiner Erklärungskraft.

Es bleibt die Frage, ob die einstigen Erwartungen an die Allgemeine Systemtheorie überzogen waren, oder ob es so etwas wie eine universal anwendbare Theorie der Unternehmensführung vielleicht gar nicht geben kann. Vermutlich muß die Managementforschung ob dieser schmerzlichen Erfahrung zu anderen Ufern aufbrechen: Statt weiter am großen Wurf zu werkeln, ist wohl auch zukünftig das geduldige Sammeln einzelwissenschaftlicher Teilerkenntnisse nötig. Das Werk Hans Ulrichs wird damit jedoch keinesfalls entwertet. Es hat uns auf die vielfältigen Trägheiten im «System Unternehmung» aufmerksam gemacht und zugleich den Blick für die Grenzen des direkten Führungseinflusses geschärft.

Das Unternehmen als mißtrauischer Rechner:
Oliver Williamson

Abschließend sollen noch zwei jüngere Wegmarken der Managementforschung Erwähnung finden: die Wende zum Konstruktivismus und die sog. Institutionenökonomik. Aufgrund ihrer Abstraktheit sowie ihrer eingeschränkten Modellannahmen wird die Institutionenökonomik, die vor allem mit dem Namen Oliver Williamson verbunden ist, hier nur kurz behandelt. Unter einer Institution sind sanktionierbare Erwartungen und Regelsysteme zu verstehen, die die Verhaltensweisen eines Organisationsmitglieds oder einer Organisation insgesamt steuern. Institutionen können sowohl gesetzliche Normen sein (z. B. das Arbeitsrecht) als auch eher kulturwissenschaftliche Phänomene (wie z. B. die Sprache oder Religion).

Die drei wichtigsten Theoriesysteme der Institutionenökonomik sind die *Property-Rights-Theorie*, die Prinzipal-Agenten-Theorie sowie die Transaktionskostentheorie. Erstere kümmert sich um Verfügungsrechte, die Einzelpersonen oder Organisationen an einem Gut besitzen. Ökonomische Akteure können z. B. das Recht besitzen, ein Gut zu nutzen oder auch, dieses Gut hinsichtlich seiner Form und Substanz zu verändern. Besonders wichtig ist natürlich auch das Recht, sich die aus der Veräußerung eines Gutes resultierenden Gewinne anzueignen. Aus der Sicht der Property-Rights-Theorie wird der Wert eines Gutes somit nicht allein durch dessen physikalische Eigenschaften bestimmt, sondern vor allem durch die daran ausübbaren Verfügungsrechte. So hängt der Wert eines Grundstückes nicht nur von seiner Lage und Größe ab, sondern auch von seinen Baulasten, Eigentumsvorbehalten oder Hypothekenverpflichtungen.

Die *Prinzipal-Agenten-Theorie* bezieht sich in erster Linie auf Beziehungen zwischen einem Auftragnehmer (Agenten) sowie einem formalen Auftraggeber (Prinzipal). Derartige Beziehungen – z. B. zwischen Gläubiger und Kreditnehmer, Arbeitgeber und Arbeitnehmer oder Aktionär und Vorstand – sind in der ökonomischen Sphäre besonders relevant und sensibel. Unvollständige und ungleich verteilte Informationen sowie die eingeschränkte Moral der Akteure lassen Agenten zu Eigennutz tendieren und machen es gleichzeitig dem Prinzipal schwer, diese egoistischen Handlungen zu erkennen und zu entschärfen. Beispielsweise kann die Unternehmensleitung als Prinzipal eine betriebliche Reorganisation planen, die aufgrund der damit verbundenen Arbeitsplatzverluste aber von einzelnen Arbeitnehmern sabotiert werden kann.

Ein mit dieser Theorie eng verwandter Ansatz ist die *Transaktionskostentheorie* von Oliver Williamson, die sich grundsätzlicher ökonomischen Austauschbeziehungen zuwendet. Darüber hinaus beschäftigt sich der 1932 in Superior, Wisconsin geborene Williamson mit den gesamtökonomischen Effekten betrieblicher Fusionen. Williamsons Hauptwerk aber ist zweifelsohne *Markets and Hierarchies* (1975). In diesem Werk begreift der Autor Unternehmen und Märkte als zentrale Muster der ökonomischen Austauschkoordination. Dies greift eine Frage auf, die bereits 1937 von Ronald Coase in seinem berühmten Aufsatz *Why firms?* gestellt wurde, also: Warum werden manche ökonomischen Funktionen von Märkten erfüllt, und andere wiederum von Firmen? Coase, der erst Jahrzehnte später für seine Überlegungen hierzu den Nobelpreis für Ökonomie erhielt, gibt in etwa folgende Antwort: Eine Organisation, die über feste Arbeitsverträge und Hierarchie gesteuert wird, minimiert die Transaktionskosten gegenüber einer freien Marktbeziehung, die durch selbständige, ungebundene Akteure mit Eigennutz geprägt wird. Ökonomische Austauschprozesse werden also so gewählt, daß die mit ihnen verbundenen Transaktionskosten minimiert werden. Diese Kosten bezeichnen letztlich alle Aufwendungen, die durch den Austausch ökonomischer Güter entstehen, insbesondere Kosten für die Anbahnung, Vereinbarung, Abwicklung, Kontrolle und Anpassung von Austauschverträgen. Vereinbarungskosten sind z. B. eine vor Vertragsabschluß notwendige Rechtsberatung, Abwicklungskosten beziehen sich auf den Managementaufwand zur Koordination der Austauschpartner, Kontrollkosten entstehen durch eine erforderliche Qualitäts- oder Terminüberwachung.

Die institutionenökonomischen Ansätze sind zwar durchaus erklärungsstark, besitzen aber einen wesentlichen Schwachpunkt: sie blenden alles Soziale und Altruistische aus der ökonomischen Sphäre aus. Menschen, die solidarisch handeln, kommen in ihr ebensowenig vor wie Arbeitgeber, die bereit sind, uneigennützig auf Vorteile zu verzichten. Als Folge dieser reduzierten Verhaltensannahmen entsteht das Bild einer rein nüchtern kalkulierenden und zudem chronisch mißtrauischen Organisation. Da wir in diesem Büchlein aber Wirtschaft und Management als ein Gebiet betrachten, in dem Menschen mit Hilfe von Menschen Güter für andere Menschen erzeugen, erscheint ein verhaltenswissenschaftlicher Zugang letztlich zweckmäßiger.

Das Unternehmen als subjektive Konstruktion: Karl Weick

«The first myth of management is that it exists» – ist Management am Ende nur eine Illusion von Kontrolle und Machbarkeit? Dieser letzte der hier vorgestellten Ansätze stellt nicht nur einen Kontrapunkt zur nüchternen Institutionenökonomie dar, sondern illustriert zugleich die heutige Spaltung der Managementwissenschaft in eine verhaltenstheoretische *Behavioral Science* und eine eher modellgestützte, neoklassische *Quantitative Science*. Die konstruktivistische Schule betritt insofern Neuland, als sie eine Abkehr von der Vorstellung einer objektiven Realität begründet. Statt dessen erscheint sowohl die physische als auch die geistige Welt des Menschen als eine subjektive Konstruktion. Nach einer vielzitierten Formel wird Wirklichkeit nicht *gefunden*, sondern *erfunden*. Karl Weick steht hier nur als ein besonders markanter Eckstein dieser Geisteshaltung, die in der wissenschaftlichen Theoriebildung realiter sehr viel weitläufiger ist.

Karl Weick, 1936 in Warsaw, Indiana geboren, lehrt seit 1988 Organisationstheorie und Psychologie in Michigan. Sein Interesse gilt den in einer Organisation zum Einsatz kommenden Erklärungsschemata; für ihn sind Organisationen sinnerzeugende

Karl Weick (*1936)

Systeme («sensemaking systems») in der Weise, daß in ihnen fortlaufend Prozesse der Selbstdefinition von Wahrheit, Verhalten und Zweckmäßigkeit stattfinden. Diesen Vorgang bezeichnet Karl Weick als *enactment* – wohl am besten zu übersetzen mit «erzeugen», «ins Leben rufen». Die Manager nehmen die Geschehnisse in und außerhalb ihrer Unternehmen demnach nicht unmittelbar wahr, sondern sie «erschaffen» diese mit Hilfe ihrer subjektiven Deutungen. Anders gesagt: Ihre ureigene Sinngebung konstruiert zunächst eine ureigene Wirklichkeit, die sodann Grundlage für Handlungsentscheidungen wird.

Diese Idee illustriert man am besten mit einem Beispiel aus Weicks bekanntestem Buch *Der Prozeß des Organisierens*, das dieser von H. W. Simons entlehnt hat: «Man erzählt, daß drei Schiedsrichter über die Frage des Pfeifens von unvorschriftsmäßig ausgeführten Schlägen uneins waren. Der erste sagte: ‹Ich pfeife sie, wie sie sind›. Der zweite sagte: ‹Ich pfeife sie, wie ich sie sehe›. Der dritte und cleverste Schiedsrichter sagte: ‹Es gibt sie überhaupt erst, wenn ich sie pfeife›.» Erst aus den Konstruktionen der Organisationsmitglieder entsteht folglich die eigentliche Organisation, sie ist in erster Linie eine Sinngemeinschaft. Dieser Prozeß ist permanent, er gründet in der retrospektiven Vergangenheitsverarbeitung und endet im Prinzip nie. «Sinn» meint hier die Interpretation und Einordnung eines sozialen

Faktums (z. B. eines Gedankens, einer Handlung, eines Produkts). Da sich dieser Sinn nicht eindeutig und unmittelbar erschließt, sind Deutungsvorgaben nötig; Sinn entsteht folglich nur in bzw. durch einen integrierenden Bezugsrahmen. Wenn Organisationen im Weickschen Kosmos Sinnsysteme sind, dann würde die Produktion und Aufrechterhaltung von Sinn zur elementaren Managementaufgabe.

Diese These läßt sich anhand des personalen Führungsprozesses veranschaulichen. Ein einschlägiger Aufsatz trägt den Titel *The romance of leadership* – Führungserfolg ist demnach eher ein Wahrnehmungsphänomen, gespeist aus dem Hang des Menschen, dem Strom der Ereignisse einen ordnenden Sinn zu verleihen. Die wichtigste Aufgabe eines Vorgesetzten besteht aus dieser Sicht darin, das eingespielte System geteilter Wahrnehmungen sicherzustellen und weiterhin für eine einheitliche Interpretation der Geschehnisse im und außerhalb des Unternehmens zu sorgen. Diese Aufgabe ist eine Reaktion auf die mehrdeutigen und diffusen Vorgänge in komplexen Organisationen, die einer zentralen Deutung bedürfen, um konsistentes Handeln auslösen zu können.

Studien auf Basis kleiner Fallzahlen konnten nachweisen, daß externe Ursachenzuschreibungen – also z. B. ungünstige Konjunktur statt Führungsfehlern, überharte Wettbewerber statt eigener Versäumnisse – den künftigen Erfolg eines Unternehmens mindern. Die Empirie zeigt ferner, daß Mitarbeiter ihre Vorgesetzten primär für Erfolge verantwortlich machen; im Fall des Mißerfolgs werden wiederum eher externe Ursachen bemüht. Bei der US-Präsidentenwahl 2008 wurde das beispielhaft deutlich: Barack Obamas Sieg wurde von seinen Anhängern mit seiner Ausstrahlungskraft sowie seinem geschickten Einsatz neuer Medien begründet. Hätte er die Wahl verloren, wäre vermutlich die vermeintlich unfaire Kampagne seines Herausforderers oder die Wirkung seiner Hautfarbe ins Spiel gebracht worden. Dieses Personalisieren von Ursachen und Ergebnissen nährt letztlich die Illusion, die «da oben» hätten die «Dinge im Griff». Diese Deutung trägt zur Beruhigung der Geführten bei und stärkt zugleich deren Selbstvertrauen. Die «romance of leadership» besitzt also durchaus positive Effekte – das Management muß allerdings aktiv dazu beitragen. Hierfür leisten *Symbole*, die als spezifische Sinnbilder Bedeutungen prägnant verdichten, einen wesentlichen Beitrag. Neben die klassischen Management-by-Techniken tritt dann z. B. das «Impression management» oder das «Management by walking around». Der Vorgesetzte demonstriert Aufmerksamkeit und Hinwendung zum einzelnen. Er scheint jederzeit ansprechbar.

Fazit: Führungserfolg beruht mindestens so sehr auf geschickten symbolischen Handlungen wie auf substantiell sachgerechten Aktionen. Anders gesagt: Es geht nicht (nur) um die richtigen Strategien, sondern vor allem um mentale Einmütigkeit. Gelegentlich werden symbolische Handlungen sogar als eigentlicher Kern des Managements begriffen: «Executives, after all, do not synthesize chemicals or operate lift trucks; they deal in symbols» (Peters 1978, S. 10).

Zurück zu Karl Weick. Durch *enactment* wird die Welt also nicht nur interpretiert, sondern auch beeinflußt. Eine wichtige Rolle spielen hierbei die gefürchteten selbsterfüllenden Prophezeiungen: Kunden hören, daß eine Bank in Zahlungsschwierigkeiten ist und heben daraufhin ihr Geld ab. Erst dadurch gerät die Bank in Schieflage. Autofahrer und Hausbesitzer befürchten Ölpreissteigerungen und verknappen durch ihre verstärkte Nachfrage das weltweite Angebot – Resultat sind die angenommenen Preissteigerungen. Organisationsgestalter mit negativem Menschenbild trauen den Mitarbeitern keine Eigeninitiative zu und bauen daher ein enges Gerüst von Regeln und Vorschriften. Diese frustrieren dann tatsächlich das Personal und töten jede weitere Eigeninitiative ab. Man erkennt: Enactment-Prozesse sind Prozesse der Konstruktion von Wirklichkeit. Daß dabei der Sprache der Manager eine zentrale Rolle zufällt, wurde durch den sog. «linguistic turn» in den Sprachwissenschaften herausgearbeitet. Worte beschreiben demnach nicht nur bestimmte Sachverhalte, sondern bereiten auch ihre Interpretation vor.

Diese zugegebenermaßen abstrakt anmutenden Aussagen überführt Weick bewußt in konkrete Handlungsempfehlungen für Manager: Chaotische Aktivität ist besser als geordnete Inak-

tivität! Alles was eine Person tut, hat neben den beabsichtigten
mindestens genauso wichtige indirekte Wirkungen! Es gibt
keine dauerhaften Lösungen und keine dauerhaften Antworten!
Kaum etwas ist nur richtig oder nur falsch! Lassen Sie Unordnung und Anarchie zu (sie liefern wertvolle Variationen)! Betrachten Sie ihr Unternehmen als evolutionäres, sich ständig neu
erfindendes und letztlich nicht wirklich zu kontrollierendes System!

Was bleibt von dieser Schule, wie ist sie zu beurteilen? Zunächst die wichtige Erkenntnis: Auch in so rationalen Bürokratien wie Parteien, Regierungen, Unternehmensvorständen führen subjektive Deutungen zu Verhalten, und erzeugt Verhalten
anschließend «reale» Ergebnisse. Organisationen sind eben
trotz ihrer Betonung von Sachlichkeit und Objektivität voll von
«Subjektivität, Abstraktion, Rätseln, Schau, Erfindung und
Willkür». Weick verbindet mit seinem Modell letztlich die Systemtheorie mit der biologischen Evolutionstheorie. Organisationen sind demnach ebenfalls der Selektion durch die Umwelt
ausgesetzt und müssen daher sinnvolle Variationen ihres Ak-
tionsspektrums erzeugen. Weick ist der Ansicht, daß die kon-
ventionelle Managementtheorie den Führungskräften letztlich
eine zu enge Perspektive bietet und damit nur eine Seite der Me-
daille zeigt. Im alltäglichen Spannungsfeld zwischen Ordnung
und Unordnung, Stabilität und Dynamik, Struktur und Prozeß,
Routine und Kreativität tendiert er zu Vielfalt und Bewegung.
Organisationen sollten insgesamt freier evolvieren können.

Karl Weicks Bruch mit der klassischen Organisationsforschung ordnet sich ein in die Zeit der 1968er Jahre, in denen
vor allem die Sozialwissenschaften Gegenstand heftiger Kontro-
versen waren – auch hier sollten Reformen einziehen. Interessanterweise wurde die erste, 1969 erschienene Auflage von *The
Social Psychology of Organizing* vergleichsweise wenig beachtet (vielleicht nicht immer recht verstanden?); erst die zweite,
zehn Jahre später publizierte Auflage machte Weick berühmt.
Das Buch war jetzt zwar wesentlich dicker, dafür aber weniger
gelehrt verfaßt und zum Teil witzig illustriert. «Weicks schwer
berechenbarer Provokationsstil traf nun offenbar einen Nerv

des zunehmend ‹postmodern› eingefärbten Zeitgeistes» (Walter-Busch, 1996, S. 244). Aus heutiger Sicht – einige Bücher und Auflagen später – erscheint Weicks Theorie gar nicht mehr als Bruch mit der klassischen Managementlehre; viel eher wollte er wohl die aus seiner Sicht festgefahrene Organisationsforschung befreien. Wenn er den Managern aber sagt: «Sollte ein Topmanager Karibu-Knochen verbrennen, um zu entscheiden, wo neue Kunden aufgetrieben werden können oder wohin eine Fabrik zu verlagern ist, so ist es nicht offensichtlich für uns, daß seine Organisation irgendwie schlechter dran sein sollte, als wenn er einen hochrationalen Plan bemühte» – dann ist das in den Ohren analytisch-kalkulierender (und dafür gut bezahlter) Leitungskräfte schon eine Provokation.

3. Management als Lehrfach

Geschichtlicher Rückblick

Vor allem die produktionswirtschaftlichen Veränderungen im Zuge der Industriellen Revolution in England waren es, die erste Überlegungen zu Notwendigkeit und Form einer systematischen Managementtätigkeit ausgelöst haben. Dabei erschien der Begriff «Management» in Deutschland zunächst in Gestalt der Termini «Betriebswissenschaft» oder «Betriebsführung». Mit einer gewissen Verzögerung gegenüber dem anglo-amerikanischen Raum ist dieser Themenkreis in Deutschland zunächst vor allem von Ingenieuren auf ein wissenschaftliches Niveau gehoben worden.

Für diesen Prozeß war die hiesige Organisation der akademischen Ausbildung zwischen 1850 und 1900 wesentlich; hier lag eine gewisse Zersplitterung vor: Während sich die frisch gegründeten Technischen Hochschulen in erster Linie um die Ausbildung im (damals dominanten) fertigungswirtschaftlichen Bereich kümmerten, oblag den deutschsprachigen Handelsschulen z. B. in Wien (Gründung 1858) oder Leipzig (1898), aber auch in St. Gallen, Köln und Berlin, vor allem die Ausbildung in buchhalterischen oder finanzwirtschaftlichen Fragen. Auf den Technischen Hochschulen wurden Ingenieure ausgebildet, auf den Handelshochschulen Kaufleute. Beide Bereiche entwickelten sich lange Zeit getrennt voneinander. Gleichwohl waren die Handelshochschulen verantwortlich für die erste systematische und vor allem universitätsunabhängige Kaufmannsausbildung. Denn sehr lange galten, modern gesprochen, Betriebswirtschaftslehre und Management in Deutschland als unwissenschaftlich. An den Universitäten wurden «ehrwürdige» Fächer gelehrt: Medizin, Theologie, Jurisprudenz – bestenfalls noch Nationalökonomie. Das kommerzielle Krämerhandwerk war eben ein solches und bedurfte keiner höheren akademischen Weihe.

In den USA verlief die Institutionalisierung trotz anfänglicher Orientierung an den deutschen Handelsschulen etwas anders: Hier waren die staatlich kaum reglementierten und alimentierten *Business Schools* der erste Schritt zu einer systematischen Managerprofessionalisierung. Man legte hier von Anfang an Wert auf eine dezidierte Anwendungsorientierung. Gleichwohl wurden diese privaten oder zumindest halbprivaten Kaufmannsschulen eng mit den Universitäten verknüpft – dies sicherte der Managementlehre einen Qualitätsvorteil, der bis heute anhält. Die Ausbildung gewann in den USA relativ schnell an Tiefe und Ganzheitlichkeit und wurde bald zu einer echten Managementwissenschaft.

Mußte Frederick Taylor noch über das Fehlen umfassend qualifizierter Führungskräfte klagen, die sich sowohl mit der technischen als auch mit der finanziellen und strategischen Seite der Betriebsführung auskannten, so sah sich dieser Mangel nach und nach beseitigt. Den Ruhm der ersten Business School in den USA darf die Wharton School of Commerce and Finance für sich beanspruchen – sie wurde 1881 in Pennsylvania gegründet. Fast zwanzig Jahre dauerte es dann, bis das Dartmouth College den Studiengang *Business Administration* einrichtete (1900). Die heute wohl angesehenste Einrichtung dieser Art – die Harvard Business School – wurde 1908 gegründet. Von der Harvard Law School übernahm sie die für Juristen typische Ausbildungsmethode der Fallstudienarbeit, welche heute ein Markenzeichen der Business School ist, das mehr und mehr die

Curricula auch in Europa prägt: Die Studenten sollen danach nicht nur passiv einem Vorlesungsmonolog folgen, sondern aktiv an konkreten Beispielen und gewohnten Unternehmensproblemen arbeiten.

Dennoch gibt es in den USA immer noch Stimmen, die Management nicht für *science* halten. Sie berufen sich u. a. auf den amerikanisch-österreichischen Vordenker Peter Drucker, der Management nicht für eine exakte Wissenschaft hielt. Sie sei auch nichts, was man als Beruf erlernen bzw. unterrichten könne, da diese Tätigkeit eher mit Intuition und Gespür zu tun habe als mit systematischem Fachwissen. Die Bezeichnung «Managementlehre» ist denn auch tatsächlich eher eine deutsche Schöpfung; sie meint eine professionelle Leitungslehre bzw. die Vermittlung von Kenntnissen über die Möglichkeiten und Grenzen guter Unternehmensführung. In Deutschland hat sich seit den 1970er Jahren insbesondere Werner Kirsch für eine Betriebswirtschaftslehre als angewandte Führungslehre eingesetzt. Er unterschied allerdings sorgfältig zwischen einer Lehre «für die Führung» und einer Lehre «von der Führung». Letzteres kennzeichnet unseren Managementbegriff. Diesem Teilgebiet der Betriebswirtschaftslehre wird der Status eines selbständigen Forschungsgebiets heute ernsthaft nicht mehr bestritten.

Die heutige Situation

Die Situation der akademischen Managerausbildung in Deutschland unterscheidet sich zum Teil von der in den USA. Dies betrifft zum ersten die finanzielle Ausstattung von Forschung und Lehre. Beispielsweise verfügt die Harvard University – und mit ihr ein Dutzend weiterer US-Kaderschmieden – heute über vielfältige Unternehmensbeteiligungen sowie professionell gemanagte Fonds, die an den Aktienmärkten dieser Welt tätig sind. Die Harvard Management Company verwaltet mit über zweihundert Angestellten diesen Reichtum. Im Ergebnis verfügt Harvard heute über ein Stiftungskapital von ca. 30 Milliarden Dollar. Mit einem Jahresetat von 2,5 Milliarden Dollar kann allein Harvard jährlich genauso viel Geld für die Lehre einsetzen, wie das gesamte deutsche, von der Bundesregierung ins Leben gerufene «Exzellenzprogramm» den ausgezeichneten Universitäten insgesamt einbringt – allerdings verteilt auf mehrere Hochschulen und gestreckt auf drei Jahre.

Zum zweiten bestehen in Deutschland mehr Wege zur Erlangung kaufmännischer Kenntnisse. Neben der universitären Ausbildung – die erste wirtschaftswissenschaftliche Fakultät wurde nach dem Zweiten Weltkrieg in Frankfurt installiert – existiert das sog. duale System der praktisch-theoretischen Berufsausbildung, das weltweit Anerkennung und Nachahmung findet. Darüber hinaus arbeiten etwa 200 Berufsakademien und Schulen, die zum Teil von einzelnen Großunternehmen getragen werden. Bekannt von diesen oft etwas hochtrabend als *Corporate Universities* daherkommenden Einrichtungen sind das Allianz Management Institute, die Lufthansa School of Business oder die Telekom Business Academy. Nicht selten wird hier jedoch die Idee der *universitas* (= Ganzheit) verletzt. Ein weiterer Vorteil des deutschen Weges ist die große Homogenität unserer Universitätslandschaft. Hierzulande sind die Niveau-Unterschiede zwischen den einzelnen Hochschulen längst nicht so groß wie in den USA, was letztlich auf breiter Front eine solide Ausbildung garantiert.

Zu dieser Ausbildung gehört heute die Einbeziehung benachbarter Fachdisziplinen. Die Vielfalt betriebswirtschaftlicher Probleme fragt nicht nach einzelwissenschaftlichen Schubladen, sondern verlangt nach einer disziplinübergreifenden Sichtweise. Ein gewisser Erkenntnispluralismus ist daher Pflicht. Denn anders als die Naturwissenschaften befassen sich die Wirtschaftswissenschaften mit kulturellen Artefakten: Wirtschaftsordnungen, Marketingkonzepte oder Unternehmensstrategien sind von Menschenhand gemacht. Sie sind Schöpfungen des menschlichen Geistes. In diesem Sinne benötigt gerade die Managementwissenschaft Unterstützung vor allem von der Soziologie und Psychologie, aber auch von der Mathematik, Rechtswissenschaft, Informatik sowie ausgewählten technischen Wissenschaften. Für die Studenten zeigt sich diese kulturwissenschaftliche Verortung der Betriebswirtschaftslehre in einem erhöhten

Leseaufwand, der leider – so scheint es – von vielen immer unwilliger geleistet wird.

Als Mühlstein wirkt die unter dem Titular *Bachelor* betriebene Abschaffung der über Jahrzehnte bewährten Diplomstudiengänge in Deutschland. Staatliches Ideal sind nunmehr berufsorientierte Kurzstudien. Um deren Wirkung einschätzen zu können, muß der internationale Kontext einbezogen werden. Seit geraumer Zeit ist deutlich, daß die westlichen Industrieländer durch die aufstrebenden asiatischen Staaten zunehmend unter Druck geraten. Durch die Globalisierung bildet sich ein weltweit homogenes Wirtschaftssystem heraus, das immer stärker auch den Faktor Arbeit einbezieht. Längst ist neben dem Weltkapitalmarkt auch ein Weltarbeitsmarkt entstanden. Und dieser weitet sich permanent aus: Den etwa 400 Millionen Arbeitnehmern des Westens stehen in Japan, China, Indien, Vietnam, Taiwan und Thailand inzwischen etwa 1,5 Milliarden aufstiegshungrige Arbeitskräfte gegenüber. Die Wirtschaftskraft Ostasiens hat sich seit 1970 fast verzehnfacht.

Wettbewerbsfähigkeit auf den Absatzmärkten setzt allerdings Investitionen im Bereich der *Qualifikation von Menschen* voraus. Unsere fernöstlichen Konkurrenten haben tiefer als viele westliche Staaten den Wert von Bildungsinvestitionen verinnerlicht; sogar auf Kosten ihrer Sozialsysteme und der natürlichen Umwelt unternehmen sie allergrößte Anstrengungen, um ihre Wissensnachteile gegenüber dem Westen aufzuholen. Als Folge davon verfügt allein Indien heute bereits über 900 000 IT-Experten und hat damit die Zahl deutscher Spezialisten mehr als verdoppelt. Im Jahr 2005 verließen in Fernost fast fünfmal so viele Absolventen die Universitäten wie in Europa; 2006 kamen weitere vier Millionen Chinesen und drei Millionen Inder hinzu. Ein sichtbares Symbol für diesen Aufstieg ist die indische Stadt Bangalore. Der deutsche Elektronikkonzern Bosch betreibt hier das größte Entwicklungszentrum außerhalb Europas, der amerikanische Multikonzern General Electric sein größtes Forschungszentrum außerhalb der USA. In Deutschland hingegen wirkt der Arbeitsmarkt teilweise wie leergefegt. Wenn es nicht gelingt, eine noch größere Zahl von Hochqualifizierten auszubilden und mit ihrer Hilfe immer wieder innovative Produkte zu kreieren, dann werden in Westeuropa die Löhne im Zuge des fortschreitenden Globalisierungsprozesses weiter auf breiter Front sinken und zugleich viele Arbeitsplätze für immer aus Deutschland verschwinden.

Vor diesem Hintergrund wurden vom sog. *Bologna-Arbeitskreis* der EU-Bildungsminister tiefgreifende Reformen eingeleitet. Diesem Prozeß fehlt es jedoch an geistiger Orientierung. Eine Folge ist die nicht weiter konkretisierte Zielsetzung, möglichst viel aus US-Universitäten zu kopieren. Das Ergebnis sind Implantate, die in die europäische Universitätslandschaft eher schlecht als recht einwachsen. Dies zeigt sich insbesondere auch an den neuen, auf nationaler Ebene verordneten Studiengängen, die Lehrinhalte zusammenstreichen und den verbleibenden Stoff auf unmittelbare Nützlichkeit trimmen. Zugleich soll die Aufenthaltsdauer der Studenten an den Hochschulen reduziert werden – drei bis maximal vier Jahre scheinen genug. Die Einordnung und kritische Reflexion zentraler Sachverhalte fallen unter diesen Bedingungen dem Rotstift zum Opfer. In dieser Hinsicht geht es vor allem den Geisteswissenschaften an den Kragen – sie entsprechen nicht dem kurzfristigen Verwertungsdenken. Ihre Erkenntnisprodukte sind nicht in schnellen Euro umzumünzen, was die Geisteswissenschaftler in den letzten Jahren zahlreiche Professorenstellen gekostet hat (seit 1995 etwa 660).

Ob den Absolventen sowie den späteren Arbeitgebern damit ein Gefallen getan wird, ist fraglich. Denn die Unternehmen erwarten von den Absolventen am Ende nicht nur die direkte Einsetzbarkeit für spezielle betriebliche Aufgaben, sondern vor allem Reflexionsfähigkeit sowie eine lebenslange Lernbereitschaft. Persönliche Weiterqualifizierung ist jedoch nicht nur eine berufsformale, sondern vor allem eine *eigeninitiative* und *selbstgesteuerte Aufgabe*. Die Aneignung der dazu notwendigen Einstellungen und Fähigkeiten wird immer wichtiger, weil in der Wissensökonomie klassische Führungsaufgaben in zunehmendem Maße an die Mitarbeiter zurückdelegiert werden.

Eine weitere, ebenfalls durch die derzeitigen Bildungsreformen gefährdete Grundfähigkeit läßt sich mit dem Begriff *Orien-*

tierungskompetenz umschreiben. Orientierungskompetenz heißt zunächst, Wichtiges von Unwichtigem unterscheiden zu können. Darüber hinaus bedeutet der Begriff aber vor allem, unterschiedliche Zugänge zu einem Problem nutzen und verschiedene Wirkungen einer Maßnahme erkennen zu können. Dies ist u. a. in der Technologiefolgenabschätzung wichtig. Ohne diese Fähigkeit zur Mehrdimensionalität kann man die komplexen Realphänomene der Gegenwart kaum vollständig begreifen und ihre gesellschaftlichen, politischen und ökonomischen Folgen nicht absehen. Dies trifft auf die Gentechnik oder die moderne Medienwelt ebenso zu wie auf neue Produkte und Verfahrenstechnologien. Wenn es in der Hochschulpolitik so weiterläuft wie bisher, erhält die deutsche Wirtschaft unter dem Strich weniger leistungsfähige Arbeits- und Führungskräfte. Und auch die Ausstattung der Gesellschaft mit mitdenkenden, kritisch-konstruktiven Menschen wird leiden. Gerade das aber war bislang unser entscheidender Vorteil gegenüber Rußland, Brasilien, China und Taiwan!

Management als Funktion

Vor über siebzig Jahren wurde ein Kanon von Management-funktionen entwickelt, der aufgrund seiner Eingängigkeit bis heute populär ist: die sog. POSDCORB-Klassifikation. Das Akronym repräsentiert wie unten abgebildet insgesamt sieben Aufgabenbereiche, aus denen wir uns vier besonders wichtige herausgreifen: Planung, Entscheidung, Führung und Kontrolle müssen im Sinne eines «General Management» von jeder Organisation geleistet werden. Sie markieren das unternehmenspolitische Pflichtprogramm.

Planning:	Geistige Vorwegnahme von Zielen, Strategien, Maßnahmen und Mitteln der Unternehmenstätigkeit
Organizing:	Errichtung einer formalen Autoritätsstruktur, die sinnvolle Arbeitseinheiten bildet und Prozesse effizient steuert
Staffing:	Anwerbung und Qualifizierung von geeignetem Personal
Directing:	Treffen von unternehmenspolitischen Einzelentscheidungen und Umsetzung in konkrete Vorschriften
COordinating:	Überblickartige Abstimmung der gebildeten Arbeits- und Geschäftseinheiten
Reporting:	Information der vorgesetzten Ebenen über Aufgabenvollzug und Zielerreichung
Budgeting:	Ressourcenausstattung: Budgetaufstellung und -kontrolle

Die zentralen Funktionen des Managements

Zum Verständnis dieser *Functions of the executive* hat ein Mann aus der Praxis ganz wesentlich beigetragen – Chester Barnard (1886–1961). Dieser konzeptionelle Brückenbauer hat zwar zeitlebens nicht mehr als zwei Bücher veröffentlicht, mit diesen aber wesentliche Grundlagen sowohl der Organisations- als auch der Führungstheorie gelegt. Beide Werke konzentrieren sich auf Konzepte, die der klassischen Ökonomie bis dahin weitgehend fremd waren: Kommunikation und Entscheidung. Barnard war ein erfolgreicher Manager, der seine berufspraktischen Einsichten semiwissenschaftlich aufbereitete. Bezeichnend mag sein, daß er sein Studium in Harvard ohne Diplom abschloß, später aber insgesamt sieben Ehrendoktortitel erhielt. Organisation bedeutet für Barnard ein «unpersönliches System koordinierter menschlicher Bestrebungen» (1938). Organisationen sind nach Barnard dann effektiv, wenn sie ihre ökonomischen Ziele erreichen. Und sie sind dann effizient, wenn sie ihren Mitgliedern genügend Anreize zur Kooperation bieten. Die Anreize der Organisation und die Beiträge ihrer Mitglieder bilden eine Wechselbeziehung und müssen in ein konstruktives Gleichgewicht gebracht werden. Setzt die Organisation zu große Anreize – also z. B. zu hohe Löhne oder zu geringe Arbeitszeiten –, dann zehrt sie ihre Substanz aus. Setzt sie zu niedrige Anreize, demotiviert sie ihre Angehörigen. Werden die betrieblichen Anreize von den Mitarbeitern als zu niedrig eingeschätzt, dann gehen die individuellen Beiträge – z. B. Engagement, eigene Verbesserungsvorschläge, gewissenhaftes Arbeiten – zurück. Die Marktstellung der Organisation verschlechtert sich, bis die Organisation irgendwann auch das niedrige Niveau ihrer Anreize nicht mehr aufrechterhalten kann. Mitarbeiterorientierung und Marktorientierung gehören insofern zusammen. «Systemrational» agiert ein Unternehmen nur dann, wenn es beiderlei Ansprüche befriedigt.

Auf diese Überlegungen aufbauend, haben sich in den letzten dreißig Jahren zwei Forschungsrichtungen als besonders ergiebig erwiesen: Die eine Forschungsrichtung untersucht den «content», also die inhaltlichen Aspekte der einzelnen Managementaufgaben, während die andere sich mehr für «process», die Abläufe der entsprechenden Tätigkeiten interessiert. Inhaltliche Fragestellungen laufen auf normative Aussagen hinaus; es wird gestaltungsorientiert z. B. gefragt, wann welche Entscheidungsalternative zu wählen ist oder welche Unternehmensstrategie

vorteilhaft erscheint. Die prozessuale Forschung ist demgegen-
über eher deskriptiv geprägt. Sie möchte zunächst Planungs-
oder Entscheidungsvorgänge beschreiben bzw. so abbilden, wie
sie in der Praxis auftreten. Daraus können sich in einem zweiten
Schritt ebenfalls Empfehlungen ergeben.

1. Planung – die Zukunft vorwegnehmen

Unternehmensführung wurde nach dem Zweiten Weltkrieg primär als plandeterminiertes Handeln begriffen. Dieses Leitbild
sieht die Erarbeitung eines zukunftsfähigen und zugleich in sich
geschlossenen Unternehmensplans als Ausgangspunkt unternehmerischen Handelns; spontanes und unkoordiniertes Agieren sind damit aus der Theorie verbannt. Demnach geschieht im
Unternehmen nichts, was nicht von der Geschäftsleitung – denn
nur die ist in diesem Modell für die Planung zuständig – ausdrücklich gewünscht und beschlossen wurde. Nominell geht
also alle Gewalt vom Top-Management aus, Unternehmensführung besitzt vor allem einen technokratischen Charakter. Faktisch ist diese Vorstellung natürlich unvollständig: sie ignoriert
die zunehmende Umwelt- und Aufgabenkomplexität wirtschaft-
lichen Handelns, die gleichzeitig von wachsender Dynamik und
Instabilität der Märkte begleitet wird.

Gleichwohl war der strategische Plan das geistige Zentrum
der Unternehmenssteuerung. Sowohl die Umwelt als auch das
eigene Verhalten schienen im voraus bestimmbar und bis in Details hinein steuerbar. Dabei ist die strategische Planung – und
mit ihr das Strategische Management – noch eine relativ junge
Disziplin. Den Startpunkt ihrer Entwicklung markierte in den
fünfziger Jahren die rapide Verbesserung prognostischer Techniken. Im Mittelpunkt des Interesses standen US-amerikanische
Unternehmen wie IBM oder General Electric, die als Erstanwen-
der damals neuartige Verfahren zur langfristigen Vorhersage
und Bestimmung marktlicher Entwicklungen einsetzten. Management war insofern in erster Linie Planung. Andere Managementfunktionen waren nachgeordnet und dienten vor allem der
möglichst reibungslosen Planumsetzung.

Grundsätzlich läßt sich Planung als geistige Vorwegnahme zukünftigen Handelns unter Unsicherheit verstehen. In der Folge kommt es zu einer organisatorischen Verankerung des Planungsprozesses sowie zu einer Kodifizierung der Ergebnisse. Inhaltlich richtet sich Planung auf das Festlegen von *Zielen*, *Ressourcen* und *Maßnahmen* der unternehmerischen Tätigkeit. Dies verlangt nach einem informationsverarbeitenden Priorisierungsprozeß, der aber mit der Unvollkommenheit jeder Informationsbasis auskommen muß. Ziel-, Ressourcen- und Maßnahmenpläne werden in der Praxis von getrennten Stellen vorgenommen, sind aber nichtsdestotrotz eng miteinander verwoben: Denn die zur mittel- oder langfristigen Zielerreichung notwendigen Aktivitäten müssen mit den erforderlichen Sach- und Finanzmitteln ausgestattet werden, um effektiv ausgeübt werden zu können. Letzteres ist vor allem Aufgabe der unten konkretisierten Budgetierung.

Planungsinhalt

Hinsichtlich des zeitlichen Horizonts – und damit letztlich auch der Planungsinhalte – unterscheidet die Managementlehre zwischen strategischer, taktischer und operativer Planung. Während sich die taktische Planung als mittelfristige Aktivität (Reichweite 1–3 Jahre) primär auf die schrittweise Umsetzung der strategischen Planung bezieht (wie z. B. hinsichtlich der Maschinenbelegung oder der mittelfristigen Personalbeschaffung), obliegt der eher ablauforientierten operativen Planung in erster Linie die Sicherstellung der tagtäglichen Einzelschritte. Dementsprechend ist die operative Planung primär auf das laufende Geschäftsjahr bezogen. Sie ist stark methodenorientiert und in hohem Maße formalisiert. Ihre Aufgabe kann z. B. die Organisation einer Werbekampagne oder die rasche Abhilfe bei Kundenreklamationen sein. Die taktische Planung richtet sich hingegen auf das bevorstehende Geschäftsjahr.

So wichtig diese betriebliche Kärrnerarbeit auch ist: von besonderer Bedeutung für den langfristigen Unternehmenserfolg ist die strategische Planung. Eines ihrer deutlichsten Merkmale ist ihre integrative Funktion: Die strategische Unternehmensplanung bildet den übergreifenden Rahmen für die Teilplanungen, die in den einzelnen betrieblichen Funktionsbereichen ablaufen. Sie überblickt insofern alle größeren dezentralen Planungsakte – von der Finanzplanung über die Personal- und Beschaffungsplanung bis hin zur Produktions- und Absatzplanung. Sie koordiniert diese und sorgt damit für ein möglichst widerspruchsfreies Zusammenwirken. In diesem Sinn hat sie einen Leitliniencharakter (Reichweite 3–8 Jahre) und wird in der Regel von den oberen Hierarchieebenen verantwortet. Der strategischen Unternehmensplanung geht es letztlich um die Schaffung und Pflege zukünftiger Erfolgspotenziale – also die Frage, auf welche Weise sich das Unternehmen zukünftig einen Wettbewerbsvorteil gegenüber den Konkurrenten zu verschaffen beabsichtigt.

Man kann sich leicht vorstellen, daß diese Aufgabe stärker als bei der operativen und taktischen Planung mit analytischen und prognostischen Tätigkeiten verknüpft ist. Es gilt, neben der nüchternen Bestandsaufnahme der eigenen Stärken und Schwächen – hierzu zählt immer häufiger die intellektuelle Wissensbasis des Unternehmens – auch einen seriösen Blick in die Zukunft zu wagen. Hierzu dienen u. a. Expertenbefragungen oder die Erstellung zukünftiger Szenarien. Welche unternehmerischen Chancen und Gefahren ziehen herauf? Welche Technologien müssen zukünftig vom Unternehmen genutzt, welche Fähigkeiten beherrscht werden? Woran arbeitet die Konkurrenz? Was will der Kunde? Welche Produkte und Services werden attraktiv sein? Welche Geschäftsstrategie verspricht Erfolg? Welche Märkte scheinen lukrativ? Wo bieten sich hilfreiche Kooperationspartner an? Wie können diese gewonnen werden?

Offensichtlich sind diese Themen wesentlich diffuser, und die Informationsbasis der strategischen Planung damit wesentlich unsicherer, als bei der taktischen und operativen Planung. Darüber hinaus wird der ökonomische Rahmen der Unternehmensplanung schwieriger – dazu nur folgende Stichworte: wachsender Preis- und Kostendruck, Innovationszwang, Nachfragedifferenzierung, Internationalisierung, gesellschaftlicher Wertewandel, ökologische und politische Sensibilitäten. Es verwundert daher nicht, daß die Managementlehre seit langem schon versucht, den Verantwortlichen der strategischen Planung gewisse *Grundsätze* an die Hand zu geben. Bezeichnenderweise orientieren sich diese, wie so oft im Strategischen Management, an militärischen Vorgaben (siehe unten). Die strategische Planung soll demnach eine Konzentration der Kräfte herbeiführen und sich vor allem auf die Stärken des eigenen Unternehmens gründen. Die militärischen Vordenker empfehlen ferner, möglichst viele Synergien zu erzielen – also z. B. leistungsfähige Produktkomponenten auch in andere Erzeugnisse einzubauen, oder eine bestimmte Technik mit anderen Gütern oder Branchen zu verschmelzen. Auf diese Weise kam es z. B. zur Konvergenz von Computer- und Mobilfunktechnik. Schließlich sollten die strategischen Planer auf Kontinuität und Geduld setzen: Kinderkrankheiten beim Neuprodukt müssen überwunden, eine anfangs schleppende Akzeptanz auf dem neuen Markt durch zähes, aber auch flexibles Bohren aufgelöst werden. Die legendäre Concorde wäre zum Beispiel nie zwischen Europa und den USA geflogen, wenn dieser Rat nicht befolgt worden wäre.

Aufgabe der strategischen Planung ist aber auch die Früherkennung, also die rechtzeitige Information der Entscheidungsträger über relevante Veränderungen im Leistungsumfeld ihres Unternehmens. Da die einzelnen Unternehmensressorts in vielfältiger Beziehung zu den verschiedensten Subsystemen der Umwelt stehen, ist diese Aufgabe besonders schwierig zu erledigen. Wir werden darauf im Rahmen der strategischen Kontrolle noch einmal zurückkommen.

Die Hauptleistung unternehmerischer Planung ist indes nicht nur, das Unternehmen in seinem Bestand zu sichern – insbesondere durch eine kurzfristige Erlösplanung, denn Illiquidität ist in Deutschland immer noch ein Konkursgrund –, sondern auch, das betriebliche Handeln zu optimieren: aus den verfügbaren Mitteln soll das Beste gemacht werden. Gründliche Analysen und treffsichere Prognosen sind die Basis erfolgreichen Managements. Nicht zufällig wird gern der vor zweieinhalbtausend

Jahren lebende chinesische General und Meisterdenker Sun Tsi
(Sunzu) zitiert: «Kenne Deinen Feind und kenne Dich selbst –
und in hundert Schlachten wirst Du nie in Gefahr geraten!»

Planungsinstrumente

Zur faktischen Funktionserfüllung stehen dem Management
diverse *Instrumente* zur Verfügung. Eingebürgert hat sich
die Unterscheidung in analytische, prognostische, heuristische
und entscheidungsunterstützende Planungsinstrumente. Damit
sind qualitative und quantitative Techniken gemeint, die die
Planungsträger bei ihrer Arbeit effizienzsteigernd einsetzen
können.

Während *analytische* Instrumente (Stärken/Schwächen-Ana-
lyse, Plankostenrechnung, Netzplantechnik, Feedbackdiagram-
me) logisch-deduktive Prozesse der Untersuchung und Ordnung
eines Sachverhalts darstellen, unterstützen *heuristische* Techniken in erster Linie kreative Suchprozesse. Brainstorming, Syn-
ektik und Bionik oder auch der von der amerikanischen Rü-
stungsindustrie im Zweiten Weltkrieg mit Erfolg im Raketenbau
eingesetzte sog. Morphologische Kasten dienen als Beispiel für
heuristische Verfahren. In der Regel finden diese, wenn sich feste Algorithmen nicht anwenden lassen, Lösungen durch die
Neustrukturierung und/oder schrittweise Präzisierung eines
Problems. *Entscheidungsunterstützende* Instrumente schließlich
arbeiten mit dem Prinzip der Reihung vorhandener Handlungsalternativen nach dem Grad ihrer jeweiligen Zielwirksamkeit.
Z. B. helfen simulative Entscheidungsmodelle, die möglichen
Folgen verschiedener Strategieentscheidungen abzuschätzen.
Computergestützte «decision support systems» vereinfachen
komplexe Zusammenhänge und lenken den Blick der Entscheider auf die wesentlichen Schlüsselgrößen. Weitere wichtige
Hilfsmittel sind die Betrachtung von Produkt- oder Technolo-
gielebenszyklen sowie mathematische Verfahren der Investitions-
rechnung.

Budgetierung

Geplanten unternehmerischen Aktivitäten müssen rechtzeitig sachliche und finanzielle Mittel zugewiesen werden. Der damit zusammenhängende Budgetierungsprozeß ist ein gutes Beispiel für das enge Zusammenwirken der verschiedenen Planungsebenen. Auch in diesem Bereich betrieblicher Aktivität kommt es zu einer Arbeitsteilung, meist zwischen strategischer, taktischer und operativer Ebene. Die Gründe hierfür liegen vor allem in den Kapazitätsproblemen, die das Top-Management bei zentralisierter Planung hätte, sowie in der operativen Flexibilität, die durch Delegation entsteht. Die Einbeziehung untergeordneter Mitarbeiter in die Planung erhöht zudem deren Motivation. Auch deshalb soll die operative Planung die Ergebnisse der strategischen Plansitzungen z. B. hinsichtlich zeitlicher Vorgaben oder Budgets konkretisieren.

Dem Begriff «Budget» merkt man seine französischen Wurzeln noch an: er stammt ursprünglich aus der Kameralistik und meint hier die Gegenüberstellung der erwarteten Einnahmen und Ausgaben einer Fiskalperiode zur Erstellung eines öffentlichen Haushaltsplanes. Schließlich brauchte Ludwig XIV. als spendabler «Sonnenkönig» eine straffe Finanz- und Steuerverwaltung. Im betriebswirtschaftlichen Sinn bezeichnet der Begriff einen operativen, finanzbezogenen Unternehmensplan. Ein «Budget» ist hier die systematische Zusammenstellung der durch die Unternehmensplanung vorgesehenen mittel- und kurzfristigen Maßnahmen, mitsamt der hieraus resultierenden Kosten. Diese können sich sowohl auf ein Geschäftsjahr als auch auf ein zeitlich befristetes Projekt wie eine Firmenübernahme oder eine Betriebsstilllegung beziehen. Als Vorgang erstrecken sich Budgetierungen auf den gesamten Prozeß der Vereinbarung, aber auch Kontrolle und Anpassung der zweckgebundenen Finanzmittel in Betrieben. Die Absicht ähnelt denen der Planung allgemein: Es geht wieder um Koordination, Kontrolle und Leistungsstimulanz.

So unverzichtbar derartige Mittelzuweisungen in jeder Organisation sind, so heikel sind allerdings auch die Nebenwirkungen dieses Prozesses. Diese bestehen zunächst im (vor allem im

Verwaltungssektor) gefürchteten Etatdenken: die Budgetvorgaben werden verabsolutiert, d. h. man gibt das Geld aus, das man
hat. Fragen der Zweckmäßigkeit treten in den Hintergrund. Es
grassiert das berühmte «Dezemberfieber»: Um im nächsten Jahr
ein Budget in selber Höhe zu erhalten, müssen die aktuellen
Mittel möglichst vollständig ausgegeben werden. Damit einher
geht ein partikularistisches Denken, das nur noch die eigene
Budgeteinheit sieht und Folgen des eigenen Handelns für das
Gesamtsystem übersieht. Budgets begünstigen ferner eine kurzfristige Orientierung der Führungskräfte: Zum Nebenziel wird
weitsichtiges Handeln, zumal wenn dies mit größeren Investitionen verbunden ist; Hauptziel wird statt dessen die Einhaltung des kurzfristigen finanziellen Rahmens. Aktivitäten, die
sich z. B. in Form einer modernisierten Fertigungsapparatur
oder eines neuen Außenauftritts darstellen, werden ob ihrer erst
spät zu erntenden Früchte gemieden, wenn sie die Budgeteinhaltung gefährden. Die heute so oft beklagte Kurzsichtigkeit von
Managern, die sich allein dem *Shareholder value*, dem aktuellen
Börsenwert der Unternehmensaktien verpflichtet sehen, wird
durch eine strikt eingeforderte Budgetdisziplin noch verstärkt.

Und schließlich neigen Manager auch gern zur Aufblähung
ihres Mittelansatzes fürs nächste Jahr (*budgetary slack*). Da
die betriebliche Budgetierung letztlich ein zutiefst politischer
Prozeß ist, greift die klassische Verhandlungstheorie: Wer angesichts zu erwartender Kürzungen nur das fordert, was er
wirklich braucht, kommt am Ende zu kurz. Gewinner sind die
Unehrlichen, die Übertreiber. Das führt beinahe zu einer selbsterfüllenden Prophezeiung: Nur permanent überzogene Planansätze zwingen das Top-Management am Ende zu den befürchteten Kürzungen.

Die beiden Hauptschwächen traditioneller Budgetierungspraxis sind demnach ihr unreflektierter Fortschreibungscharakter
sowie ihre Innenorientierung. Die Kosten blähen sich folglich in
den meisten Betrieben und Behörden auch ohne formale Aufgabenerweiterung immer weiter auf. Der nicht direkt mit der betrieblichen Wertschöpfung verbundene Gemeinkostenbereich
wird zum bürokratischen «Wasserkopf», zum «overhead».

Viele Maßnahmen wurden in der Vergangenheit ersonnen, um diesem permanent wachsenden Mittelverbrauch zu begegnen. Ein wirkungsvolles, aber in der Praxis sehr aufwendiges Instrument ist das *Zero Base Budgeting*. Wie der Name schon andeutet, wird hiernach jedes Haushaltsjahr «bei null» angefangen: Jede Aktivität muß sich rechtfertigen, Leistungsniveaus werden neu festgelegt, nach alternativen Verfahrensweisen gesucht. Was ist noch erforderlich? Was kann man effizienter erledigen? Gemeinkosten sollen so gesenkt (Sparziel) und die verfügbaren Ressourcen insgesamt wirtschaftlicher eingesetzt werden (Re-Allokationsziel). Würde das Zero Base Budgeting nicht so viel Zeit in Anspruch nehmen und wäre der Mensch allein an sachlicher Vernunft orientiert, dann wäre diese Methode ideal. Arbeitnehmer wie Manager sind aber nicht nur objektive Funktionsträger, sondern zugleich politische Personen mit Eigeninteressen. Budgetierung wird in der Praxis daher nie ganz frei von Verzerrungen und Fehlsteuerung sein.

Planungsprozeß

Die vorstehende Analyse verdeutlicht, weshalb neben die inhaltliche auch die prozedurale Perspektive der Unternehmensplanung zu treten hat. Zunächst muß man sich vom Bild eines allwissenden Planungszentrums lösen. In Wirklichkeit tauchen Initiativen oder Ideen an diversen Orten in der Organisation auf. Vom mittleren Management gehen oft ebenso fruchtbare Aktivitäten in dieser Richtung aus wie von Stabsexperten, Technikern oder «einfachem» Personal in Fertigung, Marketing oder Verwaltung. Die formale Planung «von oben» muß demgemäß durch polyzentrische Planungsaktivitäten ergänzt werden.

Das Top-Management sollte daher möglichst viele Personen zur geistigen Vorwegnahme der Zukunft ermutigen. Es sollte eine offene Unternehmenskultur fördern und darin den intensiven Dialog über kritische Themen oder mögliche Trends anführen. Hierzu bietet sich vor allem der Einsatz der Szenariotechnik an, die ein Denken in Alternativen fördert und Informationen streut. Darüber hinaus ist Grundlagenreflexion wichtig: Bestehendes muß immer wieder auf seine Zweckmäßigkeit überprüft werden, bisher Geglaubtes bedarf der Reflexion. Die in der Regel unausgesprochenen Prämissen des Handelns müssen offengelegt und ebenfalls kritisch überprüft werden. Nicht umsonst beschreiben Unternehmensberater ihre Funktion vor allem als «konstruktive Irritation»: Beliebt ist das Bild eines in die Hände klatschenden Mannes, der die im Baum sitzenden Krähen aufscheucht. Auf welchem Baum sie sich anschließend in welcher Ordnung wieder zusammenfinden, vermag er nicht vorauszusehen. Er zwingt die Krähen aber zur kreativen Veränderung.

Parallel dazu ist in den Unternehmen der Prozeß der Strategieplanung zu «demokratisieren», d. h. auf eine betont breite und somit multiperspektivische Basis zu stellen. Dies ist zwar wesentlich aufwendiger als der gewohnte «top-down»-Ansatz, aber dafür auch fruchtbarer. Auf diese Weise entsteht insgesamt ein neues, inkrementales Planungsverständnis. Planung kennzeichnet hier nicht mehr den «großen Wurf», sondern eher die langsame, aber stetige Konzentration auf das Machbare; die «Kunst des Möglichen». Anstelle von Entscheidungsrationalität dominiert Handlungsrationalität, statt Gewinnmaximierung steht das Streben nach einer zufriedenstellenden Mindestrendite auf dem Programm.

	Synoptische Planung	Inkrementale Planung
Planungsphilosophie	Gesamtentwurf mit allen Details und Vernetzungen	Politik der «kleinen Schritte»; getan wird das derzeit Mögliche
Planungsträger	Geschäftsführung bzw. Planungsstab	prinzipiell alle Organisationsebenen
Planungshorizont	betont langfristig	betont kurzfristig
Rationalitätsverständnis	Entscheidungsrationalität	Handlungsrationalität
Zielanspruch	«Maximizing» (Optimierung)	«Satisficing» (Mindestbefriedigung)

Synoptische vs. inkrementale Planung

Natürlich kann und muß Planung weiterhin formal institutionalisiert sein. Aber die Genese der Planungsresultate ist – das legt uns vor allem der Systemansatz nahe – aufgrund der Vielzahl der Umweltinteraktionen zu unberechenbar und wildwüchsig, als daß für den Planungsakt bestimmte Perioden im Jahr genügen würden. Ein Unternehmen muß heute jederzeit wach und präsent sein. Neben die «Flexibilität der Planung» hat die «Planung der Flexibilität» zu treten: *contingency planning*, also das Abhängigmachen der Planaktivierung von bestimmten Umweltzuständen, rückt in den Vordergrund.

Da die Planerstellung und -revision ein sehr teures und zeitaufwendiges Verfahren ist, findet es in vielen Klein- und Mittelbetrieben in wahrhaft systematischer Form nicht statt. Insbesondere die strategische Planung ist bis heute eine Domäne der Großunternehmen geblieben. Verläßliche Zahlen sind schwierig zu erhalten; man schätzt, daß etwa 60 % der Betriebe Pläne mit einer Laufzeit von wenigstens einem Jahr aufstellen. Langfristige Pläne mit mehr als fünf Jahren Laufzeit formuliert dagegen bestenfalls ein Viertel der deutschen Unternehmen. Zugleich ändert sich die Rolle der Formalprozeduren: diese sollen nicht einengen, sondern eher als flankierende Prozeßhilfen fungieren. Das Planungssystem muß in jedem Fall offen gegenüber Anpassungen bleiben. Die Geschäftsführung darf nicht auf ihren vorgedachten Vorstellungen beharren, sondern muß die ihr zur Verfügung stehenden Instrumente mit gebotener Skepsis einsetzen; sie sollte überdies Raum für die Initiativen anderer lassen. Der klassische Planungsprozeß ist letztlich nur *eine* Möglichkeit, geeignete Ziele und Strategien zu entwickeln.

Grenzen der Planung

Dem modernen Manager steht inzwischen ein ganzes Arsenal erprobter Analyse- und Prognosetechniken zur Verfügung. Dennoch ist die Liste historischer Prognosefehler beinahe unendlich lang, was mit der unaufhebbaren Unsicherheit zukünftiger Entwicklungen zusammenhängt. Legendär die Fehleinschätzung von Thomas J. Watson, der als Präsident von IBM 1948 meinte:

«I think there is a world market for about five computers». Watson war kein Nobody, sondern Chef des wichtigsten Computerproduzenten der Welt. Berühmt auch die Einschätzung E. Smiths, des Kapitäns der Titanic, der behauptete, nicht einmal Gott könne sein Schiff zum Kentern bringen. Bekanntlich überstand das Schiff nicht einmal seine Jungfernfahrt. Und herrlich skurril mutet uns heute die Prognose einer gewissen Emmeline Snively, Chefin der «Blue Book Model Agency» an, die 1944 ihrem Neuzugang Marilyn Monroe den Rat gab: «You had better learn secretarial work or else get married».

Glauben Sie nicht, daß sich Derartiges nicht tagtäglich in den Unternehmen dieser Welt tausendfach wiederholt. So hat in letzter Zeit die amerikanische Autoindustrie trotz unübersehbaren Klimawandels und anhaltender Rohölpreissteigerungen nahezu jeden Trend ihrer Branche verschlafen. Die deutschen Autobauer waren da auch nicht viel besser: Noch 2005 wurde der Hybridmotor von VW & Co. als ineffizient und unnötig abgelehnt. Heute versucht man, den technologisch enteilten Japanern und Franzosen wieder auf die Spur zu kommen. Wie sind derartige Fehleinschätzungen zu erklären?

Wir konzentrieren uns hier auf das betriebliche Planungssystem, das unter intellektuellen und materiellen Restriktionen agieren muß: ihm stehen nur in begrenztem Umfang Planungsressourcen zur Verfügung, und es kann nicht alle Optionen kalkulieren, nicht alle Alternativen durchdenken. «Planungsökonomie» dominiert: es fehlen Mitarbeiter, Zeit, Geld, Energie; man konzentriert sich daher auf das Wahrscheinlichste oder Aussichtsreichste. Darüber hinaus unterliegt der Manager Limitationen sowohl bei der vollständigen und unvoreingenommenen Informationsaufnahme als auch hinsichtlich der objektiven Informationsverarbeitung. Er lehnt «Ahnung» und «Bauchgefühl» ab und bevorzugt vermeintlich gesicherte, weil zahlengenau präsentierte «Fakten». Genau betrachtet ist Wissen im Bereich betrieblicher Entscheidungen oft nichts anderes als gut untermauerter und dann als Objektivität institutionalisierter Glaube.

Obendrein nimmt die Ungewißheit der Planungssituation zu: Immer häufiger kommt es zu Überraschungen, Strukturbrüchen,

Diskontinuitäten. So wie die Parteienbindung des Wählers oder die soziale Bindung an Mitmenschen sich mehr und mehr verflüchtigt, so nehmen auch Markentreue und Verläßlichkeit der Käufer ab. Parallel dazu steigt in einer weltweit vernetzten Wirtschaft die Komplexität der planerisch zu durchdringenden Tatbestände – wo in den achtziger Jahren eine Handvoll Konkurrenten zu beobachten waren, sind es heute global Dutzende. Wo nationale, dyadische Hersteller-Lieferantenbeziehungen dominierten, treten heute virtuelle Netzwerke und Wertschöpfungsallianzen gegeneinander an, die Kontinente übergreifen. Und schließlich drückt das erkenntnistheoretische Spannungsverhältnis zwischen Prognosedetaillierung und Eintrittssicherheit. Friedrich Dürrenmatt hat dieses Dilemma auf den Punkt gebracht: «Je planmäßiger die Menschen vorgehen, desto wirksamer vermag der Zufall sie zu treffen».

2. Entscheidung – die Gegenwart beeinflussen

Interpretiert man Entscheiden als eigene Phase im Managementprozeß, dann steht diese zwischen der vorgelagerten Planung und der nachgelagerten Realisierung bzw. Kontrolle. In der Entscheidung läuft alles zusammen, werden die begleitenden Aktivitäten des Managements auf den Punkt gebracht – Entscheidend ist die für eine Führungskraft zentrale Aufgabe: *the task which makes or breaks the manager*.

Das Leitbild der klassischen Ökonomie war dabei über viele Jahrzehnte der Homo oeconomicus – der allein vernunftgesteuerte Mensch, der seinen sachlichen Nutzen maximiert bzw. seinen materiellen Aufwand minimiert. In der betriebswirtschaftlichen Entscheidungslehre begegnet uns diese Denkfigur in Form des sog. *rational actor models*. Entscheidungen laufen demnach so ab: Zunächst wird das Entscheidungsproblem zutreffend und vollständig beschrieben. Ferner existiert eine sog. Zielfunktion, d.h. der Entscheider weiß genau, was er will. Alle möglicherweise eintretenden Umweltzustände sind bekannt. Anschließend werden sämtliche Handlungsoptionen ausgearbeitet, deren spätere Konsequenzen nicht nur eindeutig sind, sondern sich auch dem einzelnen Entscheider vollständig offenbaren. Nebenwirkungen existieren nicht. Sodann wird ohne Beeinträchtigungen emotionaler oder politischer Art die beste Alternative ausgewählt. Diese wird schließlich 1 : 1 in die Tat umgesetzt und von allen Beteiligten verinnerlicht und befolgt.

Mit dieser Modellierung betrieblicher Entscheidungsakte wird unterstellt, daß Entscheidungen immer ein Willensimpuls zugrunde liegt. Dieser Impuls wird mit großem kognitiven Aufwand realisiert. Bereits die Analyse von Impulskäufen zeigt, daß diese Modellierung einseitig ist und z. B. die Handlungen desorientierter und eiliger Konsumenten ignoriert. Studien sagen uns, daß im Supermarkt über vier Fünftel aller Produkte gewohnheitsmäßig gekauft werden – immer dieselbe Menge Milch, immer dieselbe Nuß-Nougatcreme. Derart routiniertes («habituelles») Entscheidungsverhalten widerspricht ebenfalls dem *rational actor model*. Grundsätzlich lassen sich auch in diesem Handlungsfeld wieder zwei Forschungsansätze erkennen: die normative und die empirische Entscheidungstheorie.

Entscheidungsinhalt

In der normativen Entscheidungstheorie stehen unternehmerische Akteure im Mittelpunkt, bei denen dann ein hohes Maß an kognitiver Steuerung vermutet wird. Gefragt wird weder nach dem Prozeß ihrer Entscheidungsfindung noch nach der empirischen Realität. Aufgrund der Fülle betrieblicher Entscheidungstatbestände müssen letztlich abstrahierende Aussagen getroffen werden. Die traditionelle Entscheidungsforschung ist daher zunächst eine «Über-Wissenschaft». Sie ist vor allem mathematisch orientiert und operiert anhand formaler Modelle. Diese bieten die modellgestützte Darstellung eines Entscheidungsproblems, das wenigstens eine mehrelementige Alternativenmenge – den sog. Entscheidungsraum – und wenigstens eine auf dieser Menge definierte Zielfunktion enthält. Angestrebt werden universale Entscheidungsregeln. Darunter versteht man Vorschriften, die dem Entscheidungsträger eine der zur Auswahl stehenden Handlungsalternativen nach einem bestimmten Hauptkriterium nahelegen. Kriterien können z.B. Gewinnmaximierung, Risikominimierung, vorsichtiges oder zupackendes Handeln sein.

Ein optimistischer Manager könnte z.B. die sog. Maximax-Regel anwenden. Diese fordert: «Entscheide für jene Handlungsoption, die bei der günstigsten Zukunftslage zum besten Ergebnis (Gewinn, Umsatz etc.) führt»! Einem pessimistischen Manager wäre dagegen zur Minimax-Regel zu raten: «Entscheide für jene Handlung, die bei der ungünstigsten Zukunftslage zum besten Ergebnis führt»! Diese Vorgaben, wie z. B. auch die «Regel des geringsten Bedauerns» oder das altehrwürdige Bernoulli-Prinzip («Maximiere den Erwartungswert der Zielgröße!») mögen Investmentbankern helfen, die feste Anlagebudgets mit konstanten Dividenden oder Zinssätzen auf absehbare Zeiträume verwalten – dem heutigen Unternehmensführer helfen sie in der Regel nicht.

Die formale Entscheidungstheorie kennt drei weitere Fälle. Erstens: Entscheidungen unter *Sicherheit;* hier kann jeder Handlungsalternative genau eine Handlungskonsequenz zugeordnet werden. Es gibt überdies nur einen zukünftigen Ergebniszustand. Diese Variante ist einfach und unkompliziert. Zweitens: Entscheidungen unter *Risiko;* hier existieren mehrere denkbare Handlungskonsequenzen, für diese kann jedoch eine statistische Wahrscheinlichkeitsverteilung angegeben werden. Es wird deutlich, mit welchen Ergebnissen eher zu rechnen ist und welche vermutlich nicht eintreten. Diese Variante ist kalkulierbar und kann sowohl Optimisten als auch Pessimisten helfen. Und drittens: Entscheidungen unter *Unsicherheit.* In diesem Fall können keine Eintrittswahrscheinlichkeiten für die denkbaren Handlungskonsequenzen angegeben werden. Der Entscheider tappt also im Dunkeln, wenn er die Folgen der einzelnen Handlungsoptionen vorhersehen möchte. Diese Variante ist ersichtlich die unangenehmste.

So makellos dieser formale Komplex der Entscheidungsregeln und Entscheidungssituationen im Modell erscheint, so wenig hilfreich ist er in der Praxis. Vorausgesetzt wird eine Informationslage, die heute immer seltener gegeben ist – wenn es sie in dieser Reinheit denn überhaupt je gab. Regeln, die für jede Problemkonstellation einen speziellen Algorithmus parat haben, sind die absolute Ausnahme. Was in der mathematischen Spiel- oder Wahrscheinlichkeitstheorie sauber aufgeht, ist in der Welt freier Marktteilnehmer mehr oder weniger deplaziert. Könnte man den Kunden und seine Reaktion im voraus berechnen, dann wären z. B. im Zeitschriftenmarkt oder in der Musikbranche nicht über 50% aller Neueinführungen Flops.

Entscheidungsprozeß

Inhalt und Stil unternehmerischer Entscheidungen lassen sich nicht standardisieren. Diese unrealistische Konstruktion auf empirischer Grundlage zerstört zu haben, ist das Verdienst des US-Amerikaners Herbert Simon (1916–2001), der dafür 1978 den Nobelpreis erhielt. Der Optimierungsanspruch muß aufgegeben werden. Obwohl Simon eine starke mathematische Begabung (und einen entsprechenden Hang zu exakten Wissenschaften) hatte, wandte er sich schrittweise von der formalen Entscheidungstheorie ab. Mit seiner Interpretation der betrieblichen Meinungsfindung wurde er zu einem der einflußreichsten Sozialwissenschaftler des 20. Jahrhunderts. Seine Domäne war die deskriptive Entscheidungsforschung, deren Grundlagen zunächst von der Praxis in öffentlichen Verwaltungen inspiriert und später dann – vor allem von Simons Meisterschüler James March – verallgemeinert wurden. In der Folge dieser Arbeiten rücken in den siebziger und achtziger Jahren des vorigen Jahrhunderts verhaltenstheoretisch bzw. psychologisch fundierte Entscheidungsmodelle in den Vordergrund. Manager erscheinen nun als rational limitierte Informationsverarbeiter, die vor allem auf der Grundlage beschränkter Einsicht, subjektiver Wahrnehmung und konstruktivistischer Wirklichkeitsinterpretation entscheiden. Intellektuelle Beschränkungen zwingen zu einer *allocation of attention*; politische Verzerrungen verweisen auf die zahlreichen, meist untergründigen Konflikte zwischen Individual- und Organisationszielen. Schließlich treten auch noch historische Beschränkungen hinzu: *logic of rule-following* läßt Manager immer wieder auf eingespielte, historisch gewachsene Denkmuster zurückgreifen.

Herbert Simon war der erste verhaltenstheoretisch ausgerichtete Ökonom, der mit dem Nobelpreis für Wirtschaftswissenschaft geehrt wurde. Damit war der Bann gebrochen: 2002 erhielten mit Amos Tversky und Daniel Kahnemann zwei Pioniere der kognitiven Psychologie dieselbe Auszeichnung. Mit ihrer *prospect theory* beschrieben sie die psychologischen Heuristiken, mit denen Menschen zu Entscheidungen und Bewertungen gelangen. Sie entdeckten systematische Fehler vor allem bei Entscheidungen unter Risiko. Die meisten Entscheider bewerten z. B. Verluste emotional stärker als Gewinne. Eintausend an der Börse verlorene Euro wiegen demnach weit schwerer negativ als eintausend an der Börse gewonnene Euro positiv wirken. Die meisten Personen würdigen die Komponenten des Entscheidungsproblems zudem nicht zeitstabil und urteilen situationsabhängig («framing»). Zehn Euro Ersparnis bei einem hohen Ausgangspreis werden vernachlässigt, zehn Euro Ersparnis bei einem geringen Preis führen zu Freudensprüngen. Der Mensch ist überdies bei möglichen Gewinnen risikoscheu – er will seine Gewinne an der Börse sichern: lieber 1000 Euro mit 80%iger Sicherheit als 2000 Euro mit 50%iger Sicherheit. Bei drohenden Verlusten ist er dagegen risikofreudig, «denn darauf kommt es nun auch nicht mehr an ...»

Als zweite Schule der Entscheidungsforschung hat der deskriptive Ansatz seine Daseinsberechtigung, stößt aber ebenfalls an Grenzen. Er läuft u. a. Gefahr, sich zu sehr auf die oft unbefriedigende Realität zu beschränken. Denn ungeachtet aller Kritik müssen Manager natürlich Entscheidungen treffen: Laut Schätzungen bis zu 200 am Tag. Sie müssen sich dabei klar sein, daß ihr Handeln – das wurde bereits erwähnt – aufgrund von Zeitdruck und Mittelbeschränkungen oft ohne genaue Situationsanalyse erfolgt. Insgesamt nimmt die Zahl der Entscheidungen zu, die Möglichkeit ihrer gründlichen Fundierung aber angesichts der weltweit explodierenden Wissensmenge ab. Manager greifen daher auf Hilfskonstruktionen zurück, anhand derer sie Beschlüsse fassen oder deren Richtigkeit später abschätzen können. Zu beobachten ist ein gewisser Methodismus: Wenn keine Negativeffekte auftauchen, dann erscheint die Entscheidung richtig. Ob Negativeffekte auftauchen, ist allerdings häufig eine Frage des Betrachtungszeitraums.

Wie aber entstehen nun Entscheidungen? Das sog. Mülleimer-Modell (*garbage can*) behauptet: eigentlich eher zufällig. Entscheidungen kommen erst zustande, wenn diverse Bedingungen erfüllt sind. Der Begriff des Mülleimers dient dabei als Metapher für eine Entscheidungsarena, in der verschiedene Interessenten, die einen Sachverhalt besprochen oder entschieden sehen möchten, zusammenkommen. In den «Mülleimer» werden zugleich Lösungen eingebracht, zum Teil allerdings von anderen Interessenten. Themen und Lösungen hängen u. a. ab von der Aktualität spezifischer Fragestellungen, vom Einfluß der Lösungsinteressierten sowie von der Dauer der «Mülleimeraufstellung». Der Ein- oder Austritt in bzw. aus einer Arena kann durch bindende Regelungen – z. B. die gesetzliche garantierte Mitbestimmung der Arbeitnehmer – vorgeschrieben, aber auch freiwillig sein.

In vielen Betrieben sind die Ziele inkonsistent oder schlecht definiert. Der Führung fehlt obendrein Wissen über grundlegende Ursache-Wirkungs-Zusammenhänge. Entscheidungsarenen entstehen daher oft unabhängig vom Auftreten unmittelbarer Probleme bzw. ohne besonderen Anlaß. Offizielle Anlässe sind die betriebliche Planverabschiedung, der Jahresabschluß oder Budgetierungsakte. Inoffizielle Entscheidungsarenen entstehen u. a. durch zufällige Treffen auf dem Büroflur, die gemeinsame Teilnahme an Konferenzen oder durch zwar inoffizielle, aber dennoch faktisch einflußreiche Gremien. Dies ist das Spielfeld der sog. Mikropolitik, der Meinungsbildung hinter den Kulissen. Hier wird vorbesprochen, was hinterher der Öffentlichkeit in ganz anderem Gewand präsentiert wird.

Diese grundlegenden Einsichten lassen sich leicht auf betriebliche Bedingungen übertragen. Wesentlich ist, daß nur die Probleme behandelt werden können, die auf der «Agenda» auftauchen. Die Relevanz eines Problems wird über formale und informale Arrangements in der Organisation bestimmt. Dem Timing der Themenlancierung und -beratung kommt insgesamt große Bedeutung zu. Erkennbar ist ferner, daß viele Probleme überhaupt nicht gelöst werden. Die Entscheider ignorieren bzw. übersehen Probleme, oder sie «lösen» ein Problem, indem sie es in eine andere Arena abwandern lassen. Dies gilt für Wirtschaft wie Politik gleichermaßen. Als Beispiel mag das gesetzliche Gesundheitssystem dienen, das immer nur notdürftig mit Zuschüssen, Fonds, Praxisgebühren etc. repariert, aber nie wirksam auf eine neue Grundlage gestellt wird, oder die in immer kürzerer Folge (natürlich viel zu spät) von der Bundesregierung verabschiedeten Konjunkturprogramme, Beihilfen und «Rettungsschirme». Auch in der Unternehmenspraxis wird Unerwünschtes gern bis zur «endgültigen Entscheidungsreife» verschoben. Findet sich kein engagierter Lösungsinteressent, dann sind Problemflucht oder -ignoranz sogar die Regel. Das Mülleimer-Modell weicht somit stark von der klassischen Entscheidungslehre und ihrem *rational actor* ab. Es zeigt die Unternehmenspraxis als Mischung aus optimalen und suboptimalen Verhaltensweisen.

Dies gilt auch für ein eng verwandtes Konzept: das umgangssprachlich eher abwertend gemeinte *muddling through*. Sich «durchwursteln» kann folglich auch ein Entscheidungsstil sein. Das behauptet zumindest der Politikwissenschaftler Charles E. Lindblom, der in den späten 1960er Jahren so eindrucksvoll das Planungs- und Entscheidungsverhalten öffentlicher Institutionen beschrieben hat. Obwohl das Konzept des *muddling through* eher der Beschreibung denn der Gestaltung von Entscheidungsprozessen dient, erhält es im Licht der verhaltensorientierten Forschung beinahe den Charakter eines ernstzunehmenden Antiprinzips. Politische wie betriebliche Entscheidungen werden demnach – korrespondierend mit dem «Mülleimer» – in einem kurzatmigen, fragmentierten und «abhelfenden» Stil getroffen. Nach Lindblom wird dies zum «nie endenden Prozeß, bei dem an die Stelle einmaligen, kräftigen Zubeißens ständiges Nagen tritt» (1968, Übers. d. Verf.). Zudem werden nur die Probleme beachtet, die unmittelbar pressieren. Entscheidungsträger reagieren eher defensiv auf Probleme als offensiv auf Chancen. Ein *higher understanding* wird von den Verantwortlichen jedenfalls nicht angestrebt. Man schaue sich den Zustand der amerikanischen Automobilindustrie oder die aktuellen, immer irgendwie verspätet wirkenden Reformen in Deutschland an und weiß, wie recht Lindblom auch heute noch hat.

Wenngleich das Konzept des *muddling through* eher ein Fragment ohne eigenen konstruktiven Vorschlag darstellt, so setzt es als Beschreibung der «Realität» doch einen klaren Kontrapunkt zur gängigen Vorstellung vom Vernunftmenschen, der alles im Blick und alles im Griff hat. Offen bleibt hingegen, ob sich Unternehmensführer – im Gegensatz zu Politikern – eine derartige Logik leisten können. Beide Systeme, das ökonomische wie das politische, versuchen indes, an diesem Punkt durch die Etablierung von Stabseinrichtungen (Expertenkreise, Beraterkommissionen etc.) gegenzusteuern. Im betrieblichen Kontext sollen meist direkt der Geschäftsleitung unterstellte Stäbe die Qualität der Führungsentscheidungen verbessern helfen; Stabspersonal tritt damit neben Linienpersonal. Stäbe können im Gegensatz zu letzteren aber nichts entscheiden, sondern müssen sich auf ihre fachliche Beratungsexpertise zurückziehen.

Alles in allem ist die Einsicht in die begrenzte Rationalität menschlicher Entschlüsse sowie in die abnehmende Planbarkeit strategischer Maßnahmen eine bis in die jüngste Forschung hinein wirkende Entwicklung. Dies darf aber nicht den Blick dafür verstellen, daß Manager sehr häufig richtig entscheiden. Leider kann die prozeßorientierte Entscheidungsforschung ihren normativen Anspruch nur partiell einlösen. Fundierte Managemententscheidungen dürften dennoch leichter fallen, wenn sie deren Forschungsergebnisse berücksichtigen. Ohne ausgebildetes Problembewußtsein tappt man vermutlich immer wieder in dieselbe Falle.

3. Führung –
dem Unternehmen eine Richtung geben

Nach einer vielzitierten These des amerikanischen Managementforschers John Kotter sind die meisten Unternehmen *overmanaged but underled*. Unter Management versteht Kotter das operative Steuern eines Unternehmens, wohingegen Leadership darin bestünde, dem Unternehmen eine schlagkräftige Vision zu geben und die Mitarbeiter dementsprechend positiv zu inspirieren. Manager verwalten die Gegenwart; Führer gestalten die Zukunft. Erstere «tun die Dinge richtig» (Effizienz), letztere «tun die richtigen Dinge» (Effektivität). Folgt man Kotter, dann gibt es – salopp gesagt – zu viele Erbsenzähler und zu wenige Charismatiker. Man sollte allerdings solchen Zuspitzungen gegenüber skeptisch bleiben. Einerseits besteht betriebliches Agieren nun einmal zu einem Großteil aus wenig spektakulärer, aber dafür konsequent auszuführender Detailarbeit; andererseits machen sich zu viele Visionäre und Häuptlinge schnell gegenseitig Konkurrenz und verwirren ihre Mitarbeiter mehr, als daß sie sie führen.

Im amerikanischen Präsidentschaftswahlkampf 2008 wurde dem späteren Sieger Barack Obama von Beobachtern attestiert, daß er ein «strong leader» sei. Hierdurch geraten aber leicht die Scharen von stillen, fleißigen Unterstützern aus dem Blick, ohne die Obamas Kampagne sicherlich nicht so erfolgreich gewesen wäre. Peter Drucker hat diese Skepsis gegenüber dem einsamen Tatmenschen schon vor vielen Jahren auf den Punkt gebracht (1969, Übers. d. Verf.): «Wenn wir Heilige, Poeten oder auch nur erstrangige Gelehrte nötig hätten, um unsere Denkarbeiter-Position zu besetzen, würde eine Organisation großen Stils einfach absurd und unmöglich sein. Die Bedürfnisse der Großorganisationen müssen befriedigt werden durch gewöhnliche Menschen, die ungewöhnliche Leistungen vollbringen.»

Will man Management personalisieren und somit an einzelnen Führungspersonen festmachen, dann sollte weniger auf deren Eigenschaften und Persönlichkeitsmerkmale gestarrt werden, als auf das, was sie tatsächlich tun. Natürlich ist es den Menschen (und gerade auch unserer Kultur) zu eigen, abstrakte und schwierig zu verstehende Entwicklungen auf solitäre Personen zu projizieren – das soldatische Schlachtenglück wird ebenso gern auf das Genie einzelner Feldherren zurückgeführt (Alexander der Große, Friedrich II., Napoleon), wie der Aufstieg oder Abstieg einer Fußballmannschaft vor allem mit dem Trainer verbunden. Aber nicht nur die antiken Heldenepen sind durch eine Überbetonung der Einzelleistung und eine gleichzeitige Vernachlässigung hintergründiger Strukturen gekennzeichnet. Manager und Politiker tragen ihr Scherflein zu dieser Fehlattribuierung bei – beziehen sie doch einen Großteil ihrer Anerkennung (und damit auch ihres Gehaltes) aus dem Urvertrauen, das ihnen von anderen entgegengebracht wird.

Daneben sind Manager in aller Regel auch unmittelbare Vorgesetzte, also Personalführer. Als solche besitzen sie zunächst die Aufgabe, ihre Untergebenen und Mitarbeiter zur Zielerreichung zu bringen, d. h. konkret, sie zu motivieren, zu unterweisen und anzuleiten (*Lokomotionsfunktion*). Darüber hinaus müssen Vorgesetzte aber auch die soziale Beziehung zu den Geführten und zwischen den Geführten pflegen (*Kohäsionsfunktion*). Hier gilt es, eine Atmosphäre zu schaffen, die die Untergebenen emotional befriedigt und sozial als Einheit zusammenschweißt. Trimmt eine Führungskraft ihre Mitarbeiter allein auf operative Leistungserbringung und Zielerfüllung, dann kann dies unter den heutigen Bedingungen zu einem Motivationsabfall oder sogar zum Arbeitsplatzwechsel führen. Aber obwohl Überzeugungskraft, Intelligenz und Glaubwürdigkeit im Umgang mit anderen sicherlich nicht hinderlich sind, gilt auch hier: Wirksame Führung besteht weniger aus hervorstechenden Persönlichkeitseigenschaften als aus der Fähigkeit, Anforderungen der Situation und Bedürfnisse der Geführten jeweils in Übereinstimmung zu bringen. Überzeugende Leader sind demnach sozial einfühlsame Diagnostiker, die überdies flexibel handeln können.

An dieser Stelle ist jedoch eine Klarstellung erforderlich: Die Managementforschung macht gelegentlich noch die meines Erachtens sinnvolle Unterscheidung zwischen Führung und Unternehmensführung. Der Terminus «Führung» bezeichnet demnach «in seiner Kernbedeutung die Führung von Menschen» (Lattmann). Mithin betrachtet man vor allem dyadische Beziehungen zwischen einem Vorgesetzten und seinem Mitarbeiter. Der Terminus «Unternehmensführung», verwendet den Führungsbegriff – nun angewandt auf die Steuerung und Entwicklung ganzer Organisationen – nur in einem übertragenen Sinn. Wer die Führung von Menschen mit der Führung von Unternehmen gleichsetzt, ignoriert diese semantische Übertragung. Unserem, auf «Unternehmensführung» fokussierten Managementbegriff fehlt letztlich der personenbezogene Aspekt – denn «gemanagt» werden nicht Menschen, sondern Organisationen.

Im Folgenden konzentrieren wir uns daher auf die Führung von Organisationen, speziell von Unternehmen. Dabei unterscheiden wir wiederum eine inhaltlich-normative und eine prozessual-deskriptive Perspektive. Mit dieser Zweiteilung kann man der Tatsache Rechnung tragen, daß die Strategiewahl sowohl das einflußreichste als auch das diffuseste Instrument der Unternehmensführung darstellt. Eine passende Strategie zu formulieren ist eine notwendige, wenn auch noch nicht hinreichende Erfolgsbedingung geschäftlicher Aktivität. Zwei Beispiele: Vor gut fünfzehn Jahren waren die US-Sportartikler Reebock und Nike an der Börse in etwa gleich viel wert. Während Nikes Kurs sich seitdem fast verdoppelt hat, wurde Reebock 2005 vom deutschen Sportartikelhersteller Adidas Salomon übernommen. Was hat Reebock falsch gemacht? Siemens meinte vor drei Jahren, im Mobilfunkmarkt künftig keine Gewinne mehr erzielen zu können und verkaufte seine Handysparte daraufhin an das koreanische Unternehmen BenQ. Der finnische Nokia-Konzern sieht das offenbar anders: er pflegt weiter dieses Geschäftsfeld und konnte seinen Nettogewinn im selben Zeitraum, d. h. von 2006 bis 2007, um 67 % auf 7,2 Milliarden Euro steigern. Was macht Nokia anders?

Strategieinhalt

Die Etymologie des Strategiebegriffs verweist erneut auf militärische Wurzeln: *Stratos* ist griechisch für «Heer», *agein* bedeutet «handeln», «führen» – der Stratege ist demnach ein Heerführer. Daran knüpft der preußische Militärtheoretiker Carl von Clausewitz (1780–1831) nahtlos an, dessen Schrift *Vom Kriege* zu den meistübersetzten Werken der Literaturgeschichte gehört. Liest man sie, versteht man, weshalb seine Ideen so bruchlos von der strategischen Managementlehre übernommen wurden. Militärstrategische Denker waren in Europa Kinder der Aufklärung, also einem vernunftgesteuerten Vorgehen verpflichtet. Ein Vergleich ihrer Gedanken mit heutigem Managerhandeln und -sprechen zeigt: Militärische und unternehmerische Strategien folgen einer auffallend ähnlichen Logik. Hier wie dort werden Geländegewinne erzielt, der Gegner eingekreist, wirken strategische Manöver, gibt es Preisattacken und Qualitätsoffensiven.

Vielsagend folgende Textpassage aus *Vom Kriege*: «Die Strategie ist der Gebrauch des Gefechts zum Zwecke des Krieges. Sie muß also dem ganzen kriegerischen Akt ein Ziel setzen, welches dem Zweck desselben entspricht, d. h. sie entwirft den Kriegsplan und an dieses Ziel knüpft sie die Reihe der Handlungen an, welche zu demselben führen sollen, d. h. sie macht die Entwürfe zu den einzelnen Feldzügen und ordnet in diesen die einzelnen Gefechte an. Da sich alle diese Dinge meist nur nach Voraussetzungen bestimmen lassen, die nicht alle zutreffen (…), so folgt von selbst, daß die Strategie mit ins Feld ziehen muß, um das einzelne an Ort und Stelle anzuordnen und für das Ganze die Modifikationen zu treffen, die unaufhörlich erforderlich werden. (…) Es ist das richtige Zutreffen der stillen Voraussetzungen, es ist die geräuschlose Harmonie des ganzen Handelns, welche wir bewundern sollten und die sich erst in dem Gesamterfolg verkündet.»

Strategisch handeln heißt also vorausdenken und Einzelaktionen schlüssig miteinander verbinden. Anders gesagt: Strategien sind funktionsübergreifende, in sich widerspruchsfreie Handlungsprogramme, die auf der Basis veränderlicher Rahmenbedingungen formuliert werden. Sie sollen eine Grundstoßrichtung vorgeben, Einzelmaßnahmen koordinieren sowie den operativen Instrumente-Einsatz effizienzsteigernd kanalisieren. Eine durchdachte Strategie vermeidet Umwege oder gar Irrwege auf dem Weg zum Ziel. Sie sorgt dafür, daß die Einzelmaßnahmen am Ende ein schlüssiges Gesamtbild ergeben. Strategien sind damit das entscheidende Bindeglied zwischen den Zielen und den operativen Aktivitäten eines Unternehmens. So betrachtet bietet die Unternehmensstrategie zugleich das Dach für viele Bereichsstrategien. Für die Behandlung von Beschaffungs-, Produktions-, Finanz-, Technologie- oder Personalstrategien ist hier nicht ge-

nug Raum. Aber das ist angesichts der übertragbaren Grund-
überlegungen des Vorkapitels auch nicht unbedingt nötig.

Wir beschränken uns hier auf das übergeordnete Handeln des
Top-Managements, d. h. auf die Formulierung der unternehmerischen Wettbewerbsstrategie. Ein führender Wissenschaftler in
diesem Bereich ist Michael Porter (geb. 1947). Porter studierte
zunächst Flugzeug- und Maschinenbau in Princeton, bevor er
sich in Harvard der Industrieökonomik zuwandte, einer Schnitt-
stelle zwischen Volks- und Betriebswirtschaft. 1980 erschien
sein erster publizistischer Meilenstein: *Competitive Strategy*.
Kurz darauf folgte *Competitive Advantage*. In beiden Büchern
charakterisiert Porter die seiner Meinung nach wesentlichen
Hauptaufgaben des Strategischen Managements: Die Wahl des
unternehmerischen Betätigungsfelds entsprechend seiner erwarteten Profitabilität zum einen, die Positionierung der Angebote
in diesem Feld zum anderen. Die Unternehmensführung lenkt
die Geschicke also auf einer Makro- und einer Mikroebene. Mit
der ersten Entscheidung legt das Unternehmen seine ureigene
Produkt/Markt-Kombination fest: In welchen Geschäftsfeldern
möchten wir mit welchen Produkten vertreten sein? Der Sie-
mens-Konzern würde z. B. heute antworten: in den drei Groß-
sektoren Industrie, Energie und Gesundheit. Diese neuen Groß-
sparten ersetzen künftig die bisherigen zehn Konzernsparten.

Die zweite Entscheidung betrifft vor allem die Frage, aus
welchem konkreten Grund ein Kunde unser Produkt in der ge-
wählten Branche kaufen sollte. Oder anders: Was ist die Quelle
unseres Wettbewerbsvorteils? Porter unterscheidet hier zwei
Grundantworten: entweder weil ein Produkt qualitativ besser,
oder weil es billiger ist. Zusätzlich kann gefragt werden, ob mit
einem Leistungsangebot der gesamte (Massen-)Markt angesprochen werden soll oder nur ein Ausschnitt desselben, mithin
ein (oder wenige) Marktsegmente. Hieraus ergeben sich die folgenden drei «generischen», also von einer bestimmten Branche
unabhängigen Wettbewerbsstrategien.

Umfassende Kostenführerschaft: Diese Strategie hat zum Ziel,
einen Kostenvorteil gegenüber allen Konkurrenten der Branche
zu erreichen. Dieser Vorteil kann eventuell durch einen niedri-

gen Produktpreis an die Abnehmer weitergegeben werden. Im Automobilbereich stehen die Marken Dacia oder Hyundai für so eine Strategie. Die Kostenführerschaft ist mit verschiedenen Methoden zu erreichen: Neben einer schlanken Gestaltung der unternehmerischen Prozesse sind die Nutzung von Größeneffekten, ein möglichst einfacher Produktaufbau, der weitgehende Verzicht auf Werbung sowie die Gewinnung leistungsfähiger Lieferanten denkbar. Organisatorisch sind solche Aktivitäten in den Mittelpunkt zu rücken, die aufgrund ihres relativ hohen Kostenanteils einen großen Einfluß auf die Kostenposition des Unternehmens haben. Rationalisierungsmaßnahmen sollen die Aufwendungen, vor allem in Produktion oder Absatz, weiter reduzieren; dies erst ermöglicht taktische Preisspielräume. Der Nachteil dieser Strategie ist allerdings, daß sie keine wirklichen Angebotspräferenzen schafft – der Kunde springt umgehend ab, falls sich für ihn ein günstigerer Anbieter ergibt.

Differenzierung: Ziel der Differenzierungsstrategie ist es, eine in der gesamten Branche als einzigartig angesehene Leistung anzubieten, was auf eine Strategie der Qualitäts- oder Imageführerschaft hinausläuft. Ein derartiges Ansinnen fußt auf einer überlegenen Produktleistung, einem attraktiven Produktdesign oder auch einem vorteilsversprechenden Service- und Garantieangebot. BMW oder Mercedes-Benz probieren das. Deren Strategie zielt auf Käufer, die das Beste kaufen wollen und auch die nötige Kaufkraft besitzen sowie den Willen, diese einzusetzen. Hauptproblem der Differenzierungsstrategie ist der hiermit verbundene relativ hohe Mitteleinsatz, der u. a. für entsprechende Investitionen in Marken- und Imageaufbau sowie für die Kundenpflege erforderlich ist. Auch ist die Wahl der Parameter schwierig, von denen man sich einen Vorsprung erhofft. Der Lohn sind allerdings treuere Kunden, die eine echte Präferenz für das Unternehmen und seine Produkte entwickeln.

Konzentration auf Schwerpunkte (Fokussierung): Dieser Strategietyp ist eine Spielart der beiden vorgenannten Typen, d. h. der Fokussierungsstrategie kann ein Kostenvorteil oder auch ein Differenzierungsvorteil zugrunde liegen. Die Konzentration auf Schwerpunkte erstreckt sich häufig auf bestimmte Marktausschnitte, weil die Unternehmen davon ausgehen, daß ein bescheidenes Ziel leichter zu erreichen ist oder die Kunden mit ihren speziellen Bedürfnissen auf diese Weise genauer zu adressieren sind. So verfolgt z. B. Porsche eine klare Konzentrationsstrategie auf hochpreisige Sportwagen, die zwar kein Massengeschäft bedeuten, dafür aber eine höhere Gewinnmarge pro Auto. Gerade mittelständische Unternehmen haben mit der Fokussierungsstrategie auch international ausgesprochenen Erfolg, wenngleich sie einer breiten Mehrheit der Bevölkerung kaum bekannt sind (sog. Hidden Champions wie z. B. Raupenfahrzeuge von Kässbohrer oder chirurgische Instrumente von Aesculap).

In keiner Branche können alle Parteien gleich gut verdienen – das Kräftegleichgewicht muß daher zu eigenen Gunsten verändert werden. Eine geeignete Angebotspositionierung trägt hierzu wesentlich bei. Wie aber bestimmt bzw. wählt man die Branchen oder Marktsegmente, die Aussicht auf erhöhten Gewinn bieten? Porter löst dieses Problem anhand der sog. *Branchenstrukturanalyse*. Dieses hilft dem Management, die Renditechancen einer Branche abzuschätzen, die sich letztlich aus ihrer Struktur ergeben. Fünf Wettbewerbskräfte scheinen hierfür maßgeblich zu sein; anhand ihrer Analyse können zugleich signifikante Veränderungen der Wettbewerbsgrundlagen erkannt werden. Porter nennt als wesentliche Wettbewerbskräfte die Verhandlungsstärke der Abnehmer, die Verhandlungsstärke der Lieferanten, der Druck durch Substitutionsprodukte (die die angestammten Produkte funktionell ersetzen können), die Bedrohung durch neue Anbieter von außen sowie den Grad der Rivalität unter den bestehenden Wettbewerbern. Eine Branche bietet demnach hohe Gewinnaussichten, wenn Abnehmer und Lieferanten schwach sind, Substitutionsprodukte kaum vorhanden, neue Anbieter nicht drohen und der Kampf zwischen den bestehenden Wettbewerbern wenig ausgeprägt ist. Diese Bedingungen herrschen häufig in jungen, noch wachsenden Branchen, aber auch in Märkten, in denen Konzentrationsprozesse die Zahl der selbständigen Lieferanten oder Wettbewerber reduziert haben.

Porter zufolge sind diese Wettbewerbskräfte von einem strategisch denkenden Unternehmen zu beeinflussen. Lieferanten

könnten z. B. aufgekauft oder bisherige Konkurrenten durch
Kooperationen gebunden werden. Außerdem können diverse
Markteintrittsbarrieren errichtet werden, um den Zugang für
Externe zu erschweren. Barrieren sind u. a. nötige Investitionen
in Leitungsnetze (Telefon- oder Stromkonzerne) oder Marken-
bindungen der Konsumenten. Darüber hinaus kann der Staat
mit seiner Wettbewerbspolitik Hürden errichten, indem er z. B.
Sendefrequenzen verteilt oder durch Subventionen seine heimi-
sche Industrie in die Lage versetzt, Dumping-Preise zu nehmen.
Auch Einfuhrzölle waren seit jeher ein beliebtes Mittel der Protektion. Der Auftrag für das Top-Management lautet in jedem
Fall: das eigene Unternehmen so aufzustellen, daß eine best-
mögliche Nutzung bzw. Abwehr der Wettbewerbskräfte möglich wird.

Strategieprozeß

Strategien werden aus den zentralen Unternehmenszielen abgeleitet und verbinden eine Organisation mit ihrer Umwelt. In
diesem Sinne führte der für die arabischen Staaten ungünstig
verlaufende Nahost-Krieg 1972, der schließlich mit einem Öl-
Embargo der OPEC endete, in den siebziger Jahren zu einem
Umdenken in den Führungsetagen von Wirtschaft und Politik.
Im Westen erwachte die Sensibilität dafür, wie anfällig und ab-
hängig moderne Gesellschaften letztlich sind. Die Perspektive
der Unternehmensführung wurde anschließend um umfeldbe-
dingte Überraschungen und Diskontinuitäten erweitert. Zentrale Konzepte dieser Neuorientierung sind betriebliche Früh-
warnsysteme, wie z. B. die *Strategic issue analysis*, die rechtzeitig
sog. Schwache Signale der Veränderung aus der Unternehmen-
sumwelt aufnehmen sollen. Vor allem der russisch-amerikani-
sche Managementforscher Harry Igor Ansoff hat daran gearbeitet, den Zufall bzw. die unvorhersehbaren Turbulenzen des
Wettbewerbs für das einzelne Unternehmen beherrschbar zu
machen. Ansoff berief sich dabei wiederum auf Carl von Clausewitz' Schrift «Vom Kriege». In ihr zeichnet Clausewitz das
Bild einer von Unwägbarkeiten abhängigen Feldzugplanung
und eines letztlich unvorhersehbaren Kriegsverlaufs – «mit dem

ersten Schuß ist alles anders» behauptete er, wenn er vom mittlerweile vielzitierten «Nebel des Krieges» sprach. Will sagen: Kein noch so guter Schlachtplan würde je vollständig umgesetzt; vielmehr bestünde der «kriegerische Genius» in Entschlossenheit, Selbstdisziplin und Improvisationsgabe.

Hierdurch werden aber auch die Schattenseiten strategischer Festlegungen sichtbar. Strategien geben eine Richtung vor, bewirken dadurch aber schnell einen unangenehmen Scheuklappen-Effekt: Das Unternehmen verläßt sich auf seine dezidierte Ziel- und Strategieplanung und nimmt Veränderungen innerhalb und außerhalb des Marktes nur noch eingeschränkt wahr. Inflexibilität droht. Eine grundsätzliche Frage für die Unternehmensführung ist daher, ob diskontinuierliche Veränderungen im Umfeld der Unternehmen die Fixierung komplexer strategischer Systeme überhaupt noch erlauben. Einen großen Einfluß in dieser Frage hatte eine Schrift von Richard D'Aveni, die den vielsagenden Titel *Hyperwettbewerb* trägt – sie postuliert letztlich nicht weniger als die Überflüssigkeit, ja Kontraproduktivität jeder langfristigen Planung. Denn nicht Kontinuität kennzeichnet demnach den modernen Wettbewerb, sondern fortwährende Strategieinnovationen.

Unternehmen streben somit nicht mehr nach nachhaltigen Wettbewerbsvorteilen, sondern schaffen vielmehr in fortlaufender Serie neue Vorteile und zerstören die alten, ehe Konkurrenten diese nachahmen können. Der Grund: «Mit ihrem Einsatz verliert jede Strategie an Wirksamkeit, weil sie den Konkurrenten offenbart wird» (D'Aveni 1995, S. 39). Die Grundlagen der klassischen Strategielehre wären damit nicht länger gültig. In der Sprache Clausewitz': Aus dem Stellungskrieg, der auf verteidigungsfähigen Bastionen gründet, wird ein Bewegungskrieg; Kosten, Qualität, Zeit, Eintrittsbarrieren, Finanzkraft und weltweite Beziehungen werden immer wieder optimiert und stoßen so auch immer wieder neue «Eskalationen» auf der Wettbewerbsleiter an. In der Folge werden z.B. preiswerte Produkte immer besser und Qualitätsprodukte immer billiger. Eintrittsbarrieren der Märkte werden durch internationale Netzwerke und überlegene Finanzkraft eingerissen. Innovationen werden zur Regel. Die strategische Konsequenz wäre eindeutig: Der Erfolg eines Unternehmens liegt eher in der Verletzung bislang gültiger Wettbewerbsspielregeln. Ein logisch rationales und damit von den Konkurrenten antizipierbares Strategieverhalten müßte demnach vermieden werden. Es wäre tatsächlich wie bei Clausewitz: In der Überraschung liegt der Erfolg!

Aber legt eine vorgegebene Unternehmensstrategie die Entscheider tatsächlich auf einen Kurs fest, der einst unter ganz anderen Marktbedingungen vorgegeben wurde? Wäre damit z. B. der Niedergang von Polaroid zu erklären – einem Unternehmen, das über Jahrzehnte viel Geld in die Optimierung seiner Sofortbildkamera steckte und darüber den Trend zur Digitalfotographie übersah? Schrittweise seine Produkte zu verbessern, während Konkurrenten die Branche neu erfinden, ist gefährlich. Gary Hamel schlägt daher vor, Strategie als «Revolution» zu denken: Siegen wird am Ende derjenige, der den Mut hat, etwas grundsätzlich anders zu machen.

Trotz der damit verbundenen Gefahren kann auf strategische Festlegungen nicht verzichtet werden. Man sollte allerdings nicht um jeden Preis an ihnen festhalten wollen – denn der Weg ist das Ziel, d. h. Strategie ist weniger eine konkrete Vorhersage als vielmehr die planvolle Strukturierung eines Handlungsraumes. So gesehen erfordern *gerade* die heutigen Wettbewerbsbedingungen orientierende Festlegungen, und diese wiederum benötigen vorgeschaltete Unternehmens- und Umweltanalysen, die die eigenen Optionen ebenso aufklären wie die Bedürfnisse der Kunden und die Maßnahmen der Wettbewerber.

Gleichwohl ist die Halbwertszeit von Strategien skeptischer zu beurteilen. Aus diesem Grund müssen im Zuge betrieblicher Lernprozesse Fähigkeiten erworben werden, die die immer wieder neue Formulierung erfolgversprechender Strategien unterstützen. Dabei zeigt die Erfahrung, daß Strategieprozesse keineswegs nur «top-down» verlaufen. Im Gegenteil: Je qualifizierter das Personal ist, umso größer ist sein Anteil an der unternehmerischen Strategieformulierung. Vor allem die Arbeiten des kanadischen Managementforschers Henry Mintzberg waren in diesem Kontext erhellend. Seine Befunde zeigen uns, daß die

Strategieprozesse in der Realität nur selten dem Lehrbuch-schema Problemdefinition, Alternativenentwicklung, Alternativenauswahl und Lösungsdurchsetzung folgen. Stattdessen wird ein anderes Bild gezeichnet: Strategien entstehen häufig eher von unten nach oben im Rahmen eines sozialen Lernprozesses; sie wachsen wie Unkraut im Garten («grass roots»). Mintzbergs Studien belegen, daß Unternehmen durchschnittlich bestenfalls ein Drittel ihrer Strategien wie geplant umsetzen: Der weitaus größte Teil der später tatsächlich in den Märkten realisierten Manöver bildet sich emergent, d. h. als letztlich unvorhersehbare Melange aus Planung und Zufall.

Die entsprechenden Schlußfolgerungen knüpfen fast nahtlos an die Empfehlungen von Karl Weick an (vgl. Kapitel 2): Wichtiger als eine überpenible Strategiedefinition ist die Förderung von Kreativität und Vielfalt im Unternehmen. Weder kann das Top-Management von vornherein festlegen, wo Strategien entstehen, noch kann es den Weg zu letztlich erfolgreichen Geschäftsstrategien exakt vorherbestimmen. Führungskräfte sind deshalb natürlich noch nicht allein dem Zufall ausgeliefert; aber sie müssen erkennen, daß die günstigsten Voraussetzungen für effektive Strategien dort bestehen, wo das Personal aus eigenem Antrieb lernwillig ist. Um dies zu fördern, sollte die Organisationsstruktur so eingerichtet werden, daß möglichst viele anspruchsvolle Arbeitsplätze mit gleichzeitig möglichst vielfältigen Verbindungen untereinander entstehen. In den Unternehmen von heute sind nicht einsame Visionäre am Werk; gefragt sind eher Personen, die fähig sind, die Zeichen der Zeit zu erkennen, Menschen miteinander zu verbinden und ihre Unternehmen immer wieder neu zu erfinden.

4. Kontrolle – die Unternehmensentwicklung sichern

Planung ist ohne Kontrolle sinnlos, Kontrolle ist ohne Planung kaum möglich. Auf diesen einfachen Nenner läßt sich das Beziehungsverhältnis dieser beiden elementaren Managementaufgaben bringen. Zweck der Planung ist eine Richtungsvorgabe

durch Festlegung von Soll-Größen. Der Kontrolle obliegt die
ständige Überprüfung der hierdurch verursachten Selektions-
entscheidungen auf ihre Zieldienlichkeit und ihren Erreichungs-
grad. Diese Aufgabenstellung setzt stets einen Vergleichsvor-
gang voraus: Gibt es keine Sollvorgaben, gibt es auch nichts zu
kontrollieren. Ein erzielter Jahresumsatz von 600 Millionen
Euro sagt ja für sich genommen gar nichts aus; erst durch Einordnung – geplant wurde vielleicht mit 700 Millionen Euro –
wird dieses Datum zur brauchbaren Information.

Die unternehmerische Kontrollphilosophie unterlag in den
letzten Jahren einem wichtigen Bedeutungswandel hin zum kybernetischen Modell des Regelkreises. Mit Hilfe eines «Fühlers»
sollen Abweichungen vom Sollwert unverzüglich angezeigt und
korrigiert werden. Unternehmenskontrolle hat folglich nur noch
wenig mit einer einmalig, meist zum Jahresende hin stattfinden-
den Inventur zu tun. Hierfür war früher die klassische Kostenrechnung zuständig. Zusammen mit der Buchführung bildete
sie als «Rechnungswesen» das Rückgrat betrieblicher Erfolgs-
kontrolle. Dieses Konzept hat sich heute vor allem in den Großunternehmen zu einem modernen Controlling weiterentwickelt.
Kontrolle im klassischen Sinne war eben nur ein periodisierter
Soll-Ist-Abgleich *(feedback)*. Moderne Kontrolle kennzeichnet
sich durch den stärkeren Einbezug von prognostizierten Größen
(z. B. erwarteten Umsatzentwicklungen); es kommt zu Voraus-
Kontrollen *(feedforward)*, d. h. zu einem Wird-Ist- oder Soll-
Wird-Abgleich.

Dieser Prozeß beinhaltet nicht mehr nur eine Bestandsaufnahme, sondern systematische Abweichungsanalysen als lern-
fördernde Erklärungsversuche. «To control» heißt im Eng-
lischen nicht nur «kontrollieren», sondern eben auch «steuern».
Somit wird die Unternehmenskontrolle zu einer echten Füh-
rungshilfe; sie ist angesichts zunehmender Umweltdynamik und
Instabilität nicht länger ein nachrangiges, den Entscheidungs-
zyklus des Managements abschließendes Anhängsel, sondern
wird heute zu einer permanent-steuernden Funktion aufgewertet. Dies zeigt sich vor allem bei der strategischen Kontrolle.

Kontrollinhalt und Kontrollformen

Der strategischen Kontrolle kommt eine besondere Steuerungs-, Sicherheits- und Lernfunktion im Unternehmen zu. Ihre Kennzeichen sind Vorwärtsorientierung, Vernetztheit, verstärkte Einbeziehung «weicher» Daten sowie ein dezidierter Bezug zur Gesamtunternehmensebene. Mit der vorwärtsorientierten strategischen Kontrolle soll den Mängeln der klassischen Ergebniskontrolle begegnet werden (die gleichwohl in ausgewählten Bereichen unverzichtbar bleibt). Deren Informationen kommen in der Regel zu spät und können im operativen Planungsvollzug dann nicht mehr berücksichtigt werden (Zeitaspekt). Beispielsweise werden nicht selten erst am Ende einer Werbekampagne ungenügende Aufmerksamkeitswerte der eingesetzten Werbemittel festgestellt.

Zweitens werden bei der bloßen Ergebniskontrolle die geplanten Sollgrößen nicht hinterfragt (Reflexionsaspekt). Zum Beispiel werden die verabschiedeten Absatzziele für Diesel-PKW in aller Regel unverändert bleiben, selbst wenn sich zwischenzeitlich die Dieselbesteuerung erhöht. Und drittens wird eine Planrevision faktisch nur dann angeregt, wenn es tatsächlich zu Soll-Ist-Abweichungen kommt (Kompensationsaspekt). Überzogene Verkaufsziele können z. B. für eine gewisse Zeit durch erhöhtes Engagement der Außendienstmitarbeiter wettgemacht werden; die irrig angesetzten Ziele werden aber nicht als unrealistisch erkannt, dem Management entgehen dadurch wertvolle Einsichten.

Um die Aspekte Zeit, Reflexion und Kompensation abbilden zu können, haben sich drei Grundtypen strategischer Kontrolle herausgebildet: Während die Durchführungskontrolle den stärksten Bezug zur operativen Ebene besitzt, wirken die Prämissenkontrolle – sie überprüft regelmäßig die Gültigkeit der Ausgangsbedingungen des betrieblichen Handelns – sowie die Strategische Überwachung wesentlich umfassender. Letztere «scannt» gleichsam alle relevanten Beobachtungsbereiche des Unternehmens auf bedeutsame Entwicklungen. Denn Veränderungen kommen meist nicht über Nacht, sondern künden sich in der Regel an. Nicht jedes Unternehmen aber nimmt diese Signale wahr bzw. interessiert sich dafür. Das strategische Kontrollsystem muß diese Fahrlässigkeit abstellen und Schwache Signale empfangen, um die Entscheidungsträger rechtzeitig auf Veränderungen vorbereiten zu können. Besonders wichtig ist die technologische und politisch-gesellschaftliche Umgebung. Denn die Erfahrung lehrt: Gesellschaftliche Veränderungen werden zu politischen Vorhaben morgen und zu ökonomischer Realität übermorgen.

Als moderne Sonderform strategischer Kontrolle etabliert sich mehr und mehr das *Issue Management*. Ein Issue ist ein Sachverhalt von öffentlichem (zumeist medialen) Interesse, der als Konsequenz aus der nicht nur ökonomischen, sondern eben auch gesellschaftlich-politischen Einbettung eines Unternehmens in seine Umwelt entsteht, Konfliktpotential in sich bergen kann und somit einer aktiven Behandlung seitens des Unternehmens bedarf. Markante Beispiele der Vergangenheit sind die geplante Versenkung der Bohrplattform Brent Spar durch Shell Dutch, die Fusion der Deutschen Bank mit der US-amerikanischen Bankers Trust, bei der breit deren NS-Verstrickung im Dritten Reich thematisiert wurde, oder die Störfälle in den Atomkraftwerken Krümmel und Brunsbüttel bei Vattenfall Europe.

Die Beispiele zeigen, wie schnell auch ein auf strikte Qualitätskontrolle bedachtes Unternehmen in größte Schwierigkeiten geraten kann. Sie belegen außerdem, wie eng strategisches und operatives Managementhandeln miteinander verbunden sind – immerhin besitzen die genannten Unternehmen ausnahmslos einen langfristig-strategischen Fokus, betreiben systematisch Kommunikationspolitik und gehören allesamt zum erlauchten Kreis weltweit agierender Markenanbieter. Dennoch ist es ihnen nicht gelungen, akute Krisen medial sachgerecht zu steuern oder gar zu verhindern. Das Management steht aber auch im Dienst einer aktiven Krisenprävention; es soll Schaden vom Unternehmen abwenden und den Unternehmensbestand langfristig sichern. Unternehmensführung kann daher auch als prophylaktisches Krisenmanagement begriffen werden. Dieses grenzt sich vom reaktiven Krisenmanagement vor allem durch seinen vorgelagerten Handlungsbezug ab: Bedrohungen für das Unternehmen, gleich ob interner oder externer Art, sollen bereits frühzeitig aufgeklärt und noch im latenten Stadium aufgefangen werden.

Gezielte Frühaufklärung sowie die Beeinflussung zielrelevanter Themen sind heutzutage also nicht mehr die Kür, sondern die Pflicht. Diese Auffassung verbindet den Gedanken der Kontrolle mit dem einer gezielten Öffentlichkeitsarbeit. In diesem Sinne zeigen sich Parallelen zur Debatte um wirksamere *Corporate Governance* (siehe unten). Die Liste der Ereignisse und Themen, mit denen ein Unternehmen ungewollt negative Aufmerksamkeit auf sich zu ziehen vermag, ist nahezu endlos lang. Die enge Verkettung des offenen Systems Unternehmung mit seinen Kunden, Arbeitnehmern, Gläubigern, Investoren, Zulieferern, Handelspartnern und staatlichen wie kommunalen Stellen erzeugt letztlich eine kritische Öffentlichkeit. Das dieser Öffentlichkeit innewohnende Sanktionspotential kann das betriebliche Management in der Definition seiner Ziele und Mittel mitunter deutlich beschränken. Die Aufgabe des Issue Management ist es, Diskrepanzen zwischen Unternehmensverhalten und öffentlichem Anspruch rechtzeitig aufzudecken und dann zu neutralisieren. Gleichzeitig wird versucht, wo immer möglich, auch Themen zu setzen. Denn hier wie dort gilt: das Krisenpotential eines Sachverhaltes variiert – ebenso wie die betrieblichen Einwirkungsmöglichkeiten auf diesen – mit seiner Neuigkeit. Aufkeimende Themen sind besser zu lenken als bereits in der Bevölkerung angekommene Themen, zu denen sich die meisten inzwischen eine feste Meinung gebildet haben.

Empirische Befunde bestätigen diesen Gedanken; sie zeigen, daß fast jede zweite Unternehmenskrise durch externe Gruppen – Bürgerinitiativen, Politik, Journalisten etc. – ausgelöst wird. Die dem öffentlichen Protest zugrundeliegenden Grundhaltungen sind dabei oft alles andere als neu; in den meisten Fällen unterschätzen die Unternehmen jedoch die praktisch-normative Kraft, die diese Grundhaltungen bei Zuwiderhandeln entfalten können. Um derartige Fehleinschätzungen zu vermeiden, ist eine genauere Kenntnis der Genese von Trends und Themen notwendig. Die aus dem betriebswirtschaftlichen Innovationsmanagement bekannte Diffusionsforschung bietet diesbezüglich eine wertvolle Hilfestellung; sie untersucht, wie sich bestimmte Ideen und Ansichten in sozialen Systemen ausbreiten. In diesem Sinne besitzen auch «Issues» einen (medialen) Lebenszyklus.

Wie so vieles in der Managementforschung und -praxis kam auch das Issue Management aus den USA. Nachdem es Ende 1981 in Washington zur Gründung der *Issue Management Association* gekommen war, hielt das Thema in den deutschsprachigen Raum mit einer etwa zehnjährigen Verzögerung Einzug. Dabei zeigen sich jedoch inhaltliche Unterschiede. Der Gründungsort der Association deutet bereits die amerikanische Hauptstoßrichtung an: es geht vor allem um «government relations» und «lobbying», also handfeste politische Einflußnahme. In Europa ist das Konzept hingegen wesentlich stärker unternehmensethisch aufgeladen. Betont wird hier, daß ein Unternehmen nicht nur seinen Anteilseignern, sondern letztlich einer wesentlich größeren Zahl von Anspruchsgruppen gegenüber verantwortlich ist (Mitarbeitern, Gewerkschaften, Geldgebern, Behörden, Regionen, sozialen Organisationen etc.). Dieser Stakeholder-Ansatz – ein *stakeholder* ist ein unternehmensexterner Interessenträger, der von den Entscheidungen eines Betriebs direkt oder indirekt betroffen ist – hat als neuere Richtung der Managementlehre die Perspektive der Unternehmensführung auf zusätzliche Bezugsgruppen ausgedehnt.

Unternehmensaufsicht (Corporate Governance)

Unternehmen sind ökonomische Institutionen und haben als solche einen relativ klar definierten Zweck zu erfüllen. Sie sind darüber hinaus aber auch, vor allem die Großunternehmen, transparente Einrichtungen, die im Fokus der Öffentlichkeit stehen und sich an bestimmte Spielregeln halten müssen. Wir leben im Zeitalter der *Corporate Social Responsibility*: Ohne die Berücksichtigung gesellschaftlicher Erwartungen ist ein langfristiger Unternehmenserfolg heute kaum noch denkbar. Signifikante Diskrepanzen zwischen Unternehmensverhalten und öffentlichem Anspruch führen zu Legitimationsdefiziten und münden bei den betroffenen Unternehmen nicht selten in einen krisenhaft zugespitzten Handlungsdruck. Insbesondere nicht-staatliche Organisationen – die sog. Non-Government Organizations (NGOs) erlangen zunehmend Einfluß auf unternehmerische Entscheidungsprozesse. Kritische Fragen betreffen insbesondere die Managementeffizienz sowie die Verantwortung bzw. Haftung eines Unternehmens. Auf dem Prüfstand steht damit das gesamte betriebliche Führungssystem.

Seit den 1980er Jahren setzen hier sog. *Management Audits* an. Wird z. B. mit den richtigen Leuten gearbeitet? Gelten die Ausgangsbedingungen der Planung noch? Ist das Führungssystem ausreichend kompetent? Welche Werte liegen dem unternehmerischen Handeln zugrunde? Wem nutzt, wem schadet es? Später wurden diese Fragen auf weitere Bereiche des Unternehmens ausgedehnt: Umwelt-Audits forderten die Erstellung von Ökobilanzen, Personal-Audits die von Sozialbilanzen. Heute geht es verstärkt um Wissensbilanzen, in denen die Aufwendungen für intellektuelles Kapital aufgeführt und die diesbezüglichen Besitzstände des Unternehmens (z. B. in Form von Urheberrechten oder Patenten) bewertet werden.

In diesem Zusammenhang entwickelten sich in den letzten Jahren verfassungsähnliche Grundlegungen zu zentralen Regeln «guter» Unternehmensführung. Ziel ist die Vorgabe eines Ordnungsrahmens für die Leitung und Überwachung von Unternehmen; der Begriff *Corporate Governance* ist hierfür populär geworden. Ausgelöst durch Korruptions- und Bilanzskandale (wie z. B. bei Enron, einem der größten Energieversorger der Welt, den seine Bilanztricksereien in den USA letztlich die Existenz gekostet haben), betrügerische Aktienmanipulationen und nicht zuletzt die sich offenbarenden Schattenseiten der Globalisierung ist dieser Versuch der Intervention in das freie Spiel der Marktkräfte das wohl meistdiskutierte Thema der letzten 15 Jahre. In Deutschland haben der Notverkauf der IKB im September 2008, die Diskussion über die Spendenwerbepraxis von Unicef und die übers Wochenende erfolgte Überweisung von 300 Millionen

Euro der KfW an die bereits insolvente US-Bank Lehman Bro-
thers dieser Debatte weiteren Auftrieb gegeben.

Aber bedürfen die heutigen Manager einer stärkeren Kontrolle als die Eigentümer-Unternehmer von einst? Bis zur Mitte
des 19. Jahrhunderts waren die privaten Unternehmen dadurch
gekennzeichnet, daß ihre Inhaber selbst die Geschäfte führten.
Dementsprechend gründete sich die liberale Wirtschaftsordnung auf den Grundsatz der Einheit von Verfügungsgewalt, Ka-
pitalrisiko und Gewinnanspruch. Anders gesagt: Zwischen Haf-
tungspflicht und Herrschaftsrecht bestand eine juristische wie
personelle Einheit. Bereits vor der deutschen Reichsgründung
1871 deutete sich aber im Allgemeinen Deutschen Handelsge-
setzbuch (1861) das Auseinanderfallen von Leitungs- und Kon-
trollbefugnis an: erstmals wurde die Institution des Aufsichtsrats geschaffen. In der Folge koppelte sich der Vorstand als Ge-
schäftsführungsorgan vom Aufsichtsrat als Kontrollorgan ab.
Diese Entwicklung verlief parallel zum Aufkommen angestellter
Manager (siehe drittes Kapitel). In Deutschland wurde dieser
Trend durch das Aktiengesetz von 1937 weiter zementiert, das
für Aktiengesellschaften explizit die sog. Organtrennung in Vorstand, Aufsichtsrat und Hauptversammlung vorschreibt.

An der Entwicklung eines deutschen Corporate Governance
Kodex arbeitet seit über einem Jahrzehnt insbesondere der *Ber-
liner Initiativkreis*. Wichtige Vorschläge hat auch die *Frankfur-
ter Grundsatzkommission Corporate Governance* vorgelegt.
Nachdem der Arbeit beider Gremien allgemein große Aufmerksamkeit zuteil wurde, ist inzwischen auch der Gesetzgeber auf-
gewacht. Ein erstes sichtbares Ergebnis war die 2001 eingesetzte
Regierungskommission aus Vertretern von Arbeitgebern, Gewerkschaften und Wissenschaft. Inwieweit sich diese Kommis-
sion in der Praxis durchsetzt, bleibt abzuwarten. Erkennbar ist
jedenfalls die Leitidee einer stärkeren Selbstverpflichtung der
Unternehmen bei gleichzeitiger staatlicher «Regulierungsandro-
hung».

Bekannt ist in diesem Sinn vor allem der Deutsche Corporate
Governance Kodex (DCGK). Dieser regelt u. a. die Zusammen-
setzung der unternehmenseigenen Aufsichts- und Mitbestim-

mungsorgane, die Häufigkeit von Aufsichtsratssitzungen, ethische Grundstandards gegenüber Kunden, Lieferanten, Investoren sowie Nachfolgeregelungen in der Geschäftsführung. Aktuelle Diskussionen beziehen sich zum einen auf praktikable Formen des Ausgleichs typischer Interessenkonflikte, z. B. zwischen Aktionären und Arbeitnehmern, und zum anderen auf gesetzliche Gehaltsvorschriften – Mindestlöhne hier, Gehaltsobergrenzen dort. Ähnliche Kodizes existieren in fast allen europäischen Ländern. In den USA gilt der sog. Sarbanes-Oxley Act. Regelungstatbestände hier sind vor allem die Führungsstrukturen, die Leistungsevaluation des Managements sowie Stil und Form der Unternehmenskommunikation nach innen und außen.

Corporate Governance ist aber nicht nur eine Frage der juristischen oder sozialen Legitimation, sondern auch eine Frage der *faktischen Wirksamkeit* bei der Managementunterstützung. Alarmierend war eine von der breiten Öffentlichkeit kaum wahrgenommene Studie des Münchner ifo-Instituts aus dem Jahr 2008 zur Kompetenz deutscher Bank-Aufsichtsräte. Neben formalen Prüfkriterien wie Branchenerfahrung und Ausbildungsniveau wurden Testfragen zum Bankgeschäft gestellt. Erreichbar waren maximal 10 Punkte. Mitarbeiter privater Banken erzielten im Durchschnitt 2,3 Punkte, Mitarbeiter öffentlicher Banken durchschnittlich 0,9 Punkte. Ohne diese Studie verallgemeinern zu wollen, erscheint die Frage nach der Qualität von Managerarbeit offensichtlich berechtigt. Auf spektakuläre Weise sichtbar werden Schwächen in der Unternehmensführung ja eigentlich nur bei den großen, börsennotierten Konzernen – hier berichten Presse und Fernsehen ausgiebig. Insider wissen, daß es zahlreiche Fälle auch im Mittelstand gibt, in denen die Arbeit der Unternehmensführung und -aufsicht ebenfalls nicht besonders überzeugend war. Alles in allem wirkt die Kontrolle des Managements – durch den bestellten Aufsichtsrat oder beigezogene Wirtschaftsprüfer – häufig unprofessionell oder zumindest wenig gewissenhaft. Das liegt allerdings nicht immer an mangelnder Kompetenz oder fehlendem Engagement; es sind auch die institutionellen Rahmenbedingungen, in denen die Unternehmensaufsicht stattfindet. Eine deutsche Aktiengesellschaft z. B. veranstaltet im Schnitt nur 4,5 Aufsichtsratssitzungen pro Jahr. Die Mitglieder dieses Gremiums sind zu zahlreich, nicht selten fachfremd und werden von der Geschäftsführung absichtlich oder unabsichtlich schlecht informiert. Obendrein überlagern politische oder gewerkschaftliche Interessen die Kontrollarbeit.

Regelungen zur Unternehmensleitung können dabei auf unterschiedlichen Ebenen mit unterschiedlichen Normierungsgraden verankert werden. Staatliche Gesetze sind natürlich für alle Unternehmen verbindlich. Gestaltungsspielräume bestehen jedoch im Falle von statuarischen Regelungen, worunter z. B. Satzungen oder Geschäftsführungsverträge fallen. Standards von lediglich freiwilliger Natur (sog. soft law) besitzen zwar nicht den Status formeller Rechtsregelungen, können aber als dringende Empfehlungen betrachtet werden, die im Sinne eines vorbildlichen Verhaltens beachtet werden sollten. Daneben könnte die Herausbildung von Standards «guter Unternehmensführung» prinzipiell auch der Regulierung durch den Markt überantwortet werden. Agieren Unternehmen ungeschickt oder unmoralisch, dann sollte man erwarten können, daß sich die Investoren aus diesem schrittweise zurückziehen. Ineffizienzen im Führungs- und Kontrollsystem von Wirtschaftsorganisationen treffen aber auch Menschen, die keine direkte Sanktionsgewalt haben. Insofern ist der Staat zum Schutz ihrer Interessen gefordert, beispielsweise durch die Stärkung von Aktionärsrechten, der Verbesserung der Transparenz in der Rechnungslegung der Unternehmen sowie durch die Ausweitung der zivilrechtlichen Haftung von Vorstand und Aufsichtsrat bei gravierenden Fehlentscheidungen bzw. offensichtlichem Fehlverhalten.

In den letzten Monaten zeichnen sich verschiedene gesetzliche Initiativen zur Stärkung der Aktionärsrechte ab. Tendenziell wird sich der Anteil der Anregungen und Soll-Empfehlungen reduzieren, die Zahl der Muß-Vorschriften zunehmen. Der Gesetzgeber muß bei all diesen Vorhaben jedoch stets im Blick haben, daß die verschiedenen Governance-Modelle in einem internationalen Systemwettbewerb stehen. Gesetzliche Vorschriften können einen Standort für Außenstehende attraktiver machen, aber auch abschrecken und dann Arbeitsplätze und Wachstum kosten. Es bleibt ein schwieriger Abwägungsprozeß.

Prozeß und Institutionalisierung der Kontrolle

Kontrollen markieren Überwachungs- und Steuerungsvorgänge, die von direkt oder indirekt prozeßeingebundenen Personen vorgenommen werden. Dies hebt sie von «Prüfungen» bzw. «Revisionen» ab; letztere werden von prozeßunabhängigen, oft sogar betriebsfremden Personen vorgenommen. Niemand läßt sich jedoch gerne kontrollieren, und es trifft zu, daß Kontrollen der persönlichen Motivation schaden können. Allerdings bedarf wirksames Management wirkungsvoller Kontrollen: Viele Firmenpleiten, aber auch zahlreiche Unfälle in Bahnhöfen, Kraftwerken, im Flugbetrieb und im Arbeitsprozeß wären durch zweckmäßig eingerichtete Kontrollvorgänge vermieden worden.

Damit wird die Frage nach der Organisation und dem Stil der betrieblichen Kontrolle aufgeworfen. Festzulegen ist dabei dreierlei: Wie wird das Kontrollieren in die Gesamtorganisation des Unternehmens eingebunden? Wer kontrolliert? Und wie wird kontrolliert? In den ersten beiden Fällen geht es um aufbauorganisatorische Alternativen, im dritten Fall um ablauforganisatorische Grundsätze. Ein professionelles Kontrollsystem kann zentral oder dezentral in die Gesamtorganisation des Unternehmens eingebunden werden. Die erste Option verweist auf die Effekte der ansonsten ebenfalls üblichen Arbeitsteilung. Es ergeben sich Spezialisierungs- und Synergievorteile, beispielsweise durch die Vereinheitlichung des Erfassungs- und Prüfprozesses. Ein dezentrales Controlling empfiehlt sich hingegen in Unternehmen, die nach dem Objektprinzip, also in Sparten oder Geschäftsbereiche – z. B. nach Produkten, Kunden oder Märkten –, gegliedert sind. Dezentrale Leistungskontrollen vermögen den besonderen Bedingungen einer Sparte am besten zu entsprechen; im Idealfall kann sogar die Effizienz der Betreuung eines einzelnen Kunden überprüft werden.

Die Frage nach dem Kontrollträger führt zur Unterscheidung von Eigen- und Fremdkontrolle. Vorteile operativer *Eigenkontrolle* sind in der besseren Kenntnis des Kontrollgegenstandes zu sehen sowie in Motiven der «Gerechtigkeit». Denn externe Kontrolleure haben meist wenig Gespür für die ungeplanten Alltagsschwierigkeiten und Abhängigkeiten, mit denen eine Person oder eine ganze Abteilung im Unternehmen zu kämpfen hat. Eine Kontrolle durch den Funktionsträger selbst hat überdies in der Regel eine höhere Identifikation und Motivation des Kontrollierten zur Folge. Die Nachteile der operativen Eigenkontrolle liegen auf der Hand: Eventuell fehlt die Distanz zum Kontrollgegenstand («Betriebsblindheit»), oder es ergeben sich Möglichkeiten zur Verschleierung von Fehlern. Analog dazu bietet sich eine *Fremdüberwachung* durch Dritte vor allem an für unzureichend befähigte Mitarbeiter, zur vorbeugenden Verhinderung oder Aufdeckung absichtlicher Fehler, bei Routinearbeiten («Vier-Augen-Prinzip») sowie im Falle des gegenüber dem Staat oder Geschäftspartnern zu erbringenden Nachweises, daß eine Kontrolle überhaupt stattgefunden hat. Beispielsweise sind externe Kontrollen eine zwingende bilanzrechtliche Vorschrift des Gesetzgebers (sog. Pflichtprüfungen). Der Vorteil einer externen Kontrolle durch neutrale Personen kann darüber hinaus in der leichteren Durchsetzbarkeit unliebsamer Veränderungen bestehen. Zudem kann das breite Erfahrungswissen der professionellen Controller genutzt werden.

Zentrale Grundsätze zu Stil und Ablauf der Kontrolle sollten der Neigung der Kontrollierten, zu schummeln und zu tricksen, entgegenwirken, zugleich aber auch ein konstruktives Klima entwickeln. Bewährt haben sich vor diesem Hintergrund die partizipative Einbindung der Mitarbeiter in den Kontrollprozeß, die Anlage der Kontrolle als beratende, unterstützende Tätigkeit sowie das Bestreben, auf Bestrafungen soweit wie möglich zu verzichten. Darüber hinaus sollte ein fairer Kontrollmaßstab angewendet werden, was ggf. bedeutet, zusätzliche Kriterien bei der Bewertung einer Leistung hinzuzuziehen (z. B. neben Leistungsmenge auch Leistungsqualität).

Essentiell für das Gelingen betrieblicher Prüfungen ist letztlich die Schaffung eines sachlichen und vertrauensvollen Kontrollklimas. Hierfür hat sich eine fachlich und sozial möglichst geringe Distanz zwischen Kontrolleur und Kontrolliertem bewährt. Ferner sollte zwischen Arbeitseinsatz und Ergebniskommunikation möglichst wenig Zeit verstreichen: Leistungskontrollen, die Monate nach der Leistungserbringung erfolgen oder mit mehrwöchiger Verspätung mitgeteilt werden, besitzen kaum noch eine pädagogische oder intellektuelle Wirkung.

Management als Beruf

I. Managerqualifikation und -kompetenzen

Nicht wenige meinen, Management sei ein Beruf ohne Ausbildung. Dieser Ansicht nach entspringen die Eigenschaften, die letztlich einen guten Manager ausmachen – Intuition, Improvisationsgabe, Streßresistenz, schnelles Erkennen und tatkräftiges Entscheiden –, eher der ureigenen Persönlichkeit eines Menschen als irgendwelchen Ausbildungsordnungen. Angebracht wäre in diesem Fall eine gehörige Portion Skepsis, was die direkte Schulbarkeit effektiver Leitungsfähigkeiten angeht. Tatsächlich liegt in wenigen Berufen die Ausbildung so im argen wie im Management (siehe erstes Kapitel). Und das, obwohl unternehmerische Fehlentscheidungen heute wesentlich schwerwiegendere Konsequenzen haben als früher. Geraten große Unternehmen in Schieflage, sind oft Tausende von Arbeitsplätzen bedroht, drohen dem Staat Millionenausfälle, leiden ganze Regionen. Auf der anderen Seite sind Grundkenntnisse über moderne Führungsinstrumente genauso erlernbar wie bestimmte Analyse- und Planungstechniken. Dies ist auch gut so, denn die Zahl der in Führungspositionen tätigen Personen ist in den letzten hundert Jahren stark angestiegen: Management ist beinahe zu einem Massenberuf geworden.

Der Grund hierfür besteht in unserer «organisierten Gesellschaft», wie Max Weber sie charakterisiert hat. Dieser Entwicklungsschritt arbeitsteilig differenzierter Gesellschaften kann letztlich als Parallele zur naturwissenschaftlich-technischen Aufklärung begriffen werden. Aus ökonomischer Sicht wurde der solitäre Warenproduzent nach und nach durch anonyme Großunternehmungen ersetzt; es entstand die uns heute vertraute, wie selbstverständlich erscheinende Allgegenwart von Organisationen: Wir kommen in einem Krankenhaus zur Welt, werden dann über den Kindergarten in die Schule geführt, danach entweder zum Wehr- oder Zivildienst herangezogen, studieren möglicherweise an einer Hochschule, um anschließend zum Angehörigen eines privaten oder öffentlichen Betriebes zu werden. Daneben sind die meisten von uns Mitglied eines Sportvereins, einer Wohltätigkeitsorganisation, einer politischen Partei. Viele von uns werden irgendwann betreut wohnen, um schließlich – begleitet von Kirche, Bestattungsunternehmen und Friedhofsverwaltung – unsere letzte Ruhestätte zu finden. Alle genannten Organisationen brauchen letztlich Management – gleich ob sie im Gesundheits- oder Bildungswesen, ob sie im Nonprofit-Bereich oder als kommerzielle Unternehmen agieren. Das Krankenhaus braucht einen Chefarzt, die Schule einen Rektor, das Kloster einen Abt, die Armee einen Oberkommandierenden, das Museum einen Direktor, der Betrieb einen Geschäftsführer.

Je nachdem, wie eng man die Kriterien zur Definition einer Führungskraft faßt, gelangt man zu einem Anteil von 5–20% Führungskräfte an der beschäftigten Bevölkerung. Das wären allein in Deutschland bis zu acht Millionen Menschen. In wissensbasierten Unternehmen z. B. der Informatik- oder Beratungsbranche, in denen fast alle Mitarbeiter hochqualifizierte Experten sind, ist die Nachfrage nach Führungskräften – die dann zum Teil auch Mitarbeiter anderer Unternehmen zu führen haben – besonders hoch. Man sollte also meinen, daß dieser so wichtige Beruf einer hochentwickelten Gesellschaft auf einer soliden und umfangreichen Ausbildung beruht. Das Gegenteil ist, wie bereits erwähnt, der Fall. Schätzungen zufolge sind zwar etwa zwei Drittel der heutigen Führungskräfte akademisch gebildet; das heißt aber noch lange nicht, daß sie auch gute Manager sind. Handlungsvermögen erwirbt man weniger im Hörsaal als vielmehr durch praktisches Tun. Der lateinische Wortstamm von «Kompetenz» – das Verbum «competere» (= etwas beherrschen) – spiegelt das treffend wider.

Welche Qualifikationen und Kompetenzen aber braucht ein moderner Manager? Die Liste der gängigen Kompetenzkataloge ist lang: der Experte aus der Psychologie fordert menschliches Einfühlungsvermögen, der Controller Zahlenverständnis, der

Marketingprofi Kundenorientierung, der Futurologe Weitblick, der Aktionär Durchsetzungskraft, der Politiker Gemeinwohl-orientierung. Eine derartige Summation von Teilkenntnissen bringt wenig. Zweckmäßiger erscheint die Zusammenfassung in wenige Grundfähigkeiten. In dem Abschnitt über «Management als Lehrfach» wurden noch vergleichsweise allgemeine Qualifikationen wie Selbststeuerungsfähigkeit und Orientierungskompetenz angemahnt.

Hier wird nun vorgeschlagen, drei echte Basiskompetenzen zu differenzieren. Da ist zum ersten das Vermögen zur Entwicklung einer schlüssigen unternehmenspolitischen Gesamtsicht. Eine derartige *Strategiekompetenz* ist vor allem für Top-Manager wichtig. Sie soll die erfolgreiche Entwicklung der unternehmerischen Tätigkeit sicherstellen und basiert letztlich auf analytisch-konzeptionellen Fähigkeiten, aber auch einem guten Schuß Phantasie. Zu schulen wären diese Eigenschaften unter anderem anhand der systematischen Auswertung von Fallstudien über erfolgreiche Strategieentscheidungen.

Zum zweiten ist die Fähigkeit zur Führung von Mitarbeitern und externen Stakeholdern notwendig. Diese *Sozialkompetenz* ist vor allem für die mittlere Managerebene relevant, die in den Unternehmen einer unmittelbare Vorgesetztenfunktion wahrnimmt. Soziale Managementfähigkeiten sind stark mit der emotionalen Intelligenz einer Person korreliert. Nach Daniel Goleman gehört hierzu insbesondere die Fähigkeit zur persönlichen Selbstwahrnehmung und Selbstkontrolle. Also: Erkenne Dich selbst! Und erkenne, wie Dein Verhalten auf andere wirkt! Emotionale Intelligenz verlangt zudem nach einem Mindestmaß an sozialem Bewußtsein und Einfühlungsvermögen. Ein guter Vorgesetzter versteht es, seine Untergebenen für die Unternehmensziele zu gewinnen. Er weiß, daß er auf seine Mitarbeiter angewiesen ist und daß Personalführung letztlich ein Geschäft auf Gegenseitigkeit ist. Sozial kompetente Manager sind unter dieser Perspektive selbstreflexive Menschenkenner, die ihre Mitarbeiter inspirieren und zwischenmenschliches Vertrauen stiften können. Diese Eigenschaften lassen sich zum Beispiel in professionellen Verhaltenstrainings ausbilden. In Mode gekommen sind auch Rollenspiele, durch die Manager lernen, ihren Führungsstil bewußter wahrzunehmen und dessen Wirkung auf die Untergebenen besser einzuschätzen.

Zum dritten sind für Manager technisch-handwerkliche Fähigkeiten erforderlich: Die alltäglichen operativen Prozesse müssen beherrscht werden, wobei auf diverse Instrumente und Techniken unterstützend zurückgegriffen werden kann. Diese *Methodenkompetenz* splittert sich in der Praxis in sehr viele Einzelfähigkeiten auf (z. B. Kostenrechnung, Marktforschung, Fertigungsplanung, Einkauf, steuerliche Optimierung) und erzeugt auf diese Weise diverse Spezialistensegmente im Unternehmen. Methodenspezialisten finden sich sowohl in der praktisch-beratenden Stabsarbeit als auch gehäuft in unteren Leitungsebenen. Methodische Kompetenzen lassen sich naturgemäß am direktesten schulen.

Natürlich sind diese drei Basiskompetenzen für alle Führungsebenen relevant; idealerweise kennen sich auch Vorstandsmitglieder mit operativen Managementinstrumenten aus und entwickeln auch Fachspezialisten ein unternehmenspolitisches Grundverständnis. Neben die skizzierten Basiskompetenzen tritt zusätzlich, und mit zunehmendem Gewicht, eine ausreichende Kommunikationskompetenz. Diese erst erlaubt den Führungskräften unserer Tage die Konzentration auf das Wesentliche (mehr dazu unten in Abschnitt 6).

Problematisch ist für die Praxis, daß die konkrete Managementeignung im Rahmen der Führungskräfteauswahl nur eingeschränkt vorherzusagen ist. Man behilft sich in den Personalabteilungen daher mit Signalkriterien wie Auslandserfahrung, Studiendauer, Abschlußnote oder Promotion eines Kandidaten. Interessanterweise korreliert in vielen Ländern, wie Frankreich oder den USA, die berufliche Position eng mit dem Besuch einer Elitehochschule. In Deutschland hat der Studienort dagegen nur eine untergeordnete Bedeutung.

2. Managerrollen

Die entscheidenden Fähigkeiten und Kompetenzen werden auch anhand einer Analyse der Rollen sichtbar, die erfolgreiche Manager in der Praxis einnehmen. Wie die benötigten Qualifikationen variieren auch die zentralen Rollen von Managern zum Teil erheblich mit der Ebene, auf der die entsprechenden Personen wirken. Eingebürgert hat sich die vereinfachende Trinität Top-Management, mittleres Management und unteres Management. Das Top-Management, vertreten vor allem durch Geschäftsführer oder Vorstandsmitglieder, besitzt Richtlinienkompetenz. Es trifft die unternehmenspolitisch relevanten Entscheidungen und klärt Präzedenzfälle. Darüber wirkt es auf politischer Ebene und repräsentiert das Unternehmen nach außen. Der Vorstand ist Kopf und Gesicht des Unternehmens.

Die Nahtstelle zum mittleren Management ist der *Leitende Angestellte*, der inzwischen durch ein eigenes Mitbestimmungsgesetz in seinen Interessen geschützt und vertreten wird (Sprecherausschußgesetz von 1988). Dieser Kreis umfaßt Personen mit Generalvollmacht bzw. Prokura, einem bestimmten Jahresverdienst sowie selbständigem Entlassungs- und Einstellungsrecht. Soziologisch entstammt der sog. *Middle-Manager* oft einer anderen sozialen Schicht als der untere Manager oder der einfache Arbeitnehmer. Auch psychologisch ist er anders orientiert: er ist in der Regel sehr gut ausgebildet und strebt am Ende echte Führungspositionen an. Seine Aufgabe im Unternehmen ist indes besonders prekär: er muß die oft allgemeinen Vorgaben der Unternehmensspitze in konkrete Regeln und Programme übersetzen. Darüber hinaus leistet er die eigentliche Vorgesetztenarbeit. Die Forschung ist sich einig, daß dem mittleren Management, also den Ressort- oder Abteilungsleitern (in kleineren Betrieben den Meistern) vor allem in Prozessen des organisationalen Wandels eine Schlüsselrolle zufällt. Middle-Manager müssen fachlich und soziopolitisch gleichermaßen talentiert sein – *wheeling and dealing* ist ihr Credo.

Das untere Management schließlich, nicht immer ganz leicht vom mittleren Management abzugrenzen, stellt das Bindeglied zwischen den Führungspositionen und den ausführenden Stellen dar. Unterabteilungsleiter, Gruppenleiter, Vorarbeiter oder Bürochef halten Kontakt mit der operativen Basis, den Arbeitern und kleineren Angestellten. Ihre soziologische Perspektive richtet sich weniger nach oben als nach unten – von der Arbeiterschaft, aus der sie oft selbst stammen, grenzt man sich ab. Die neuen Informations- und Kommunikationstechnologien haben hier jedoch zu einer Veränderung geführt. Im Zuge der betrieblichen Reorganisationen und «Personalverschlankungen» mußten in den letzten zwanzig Jahren eher die Middle-Manager Angst um ihre Jobs haben; das untere Management sieht sich fachlich aufgewertet. Das hängt auch mit der gestiegenen Mindestqualifizierung in den heutigen Wissensgesellschaften zusammen – der mehr oder weniger ungebildete, angelernte Arbeiter, der zu Taylors und Fords Zeiten noch das Rückgrat der Wirtschaft bildete, ist in den westlichen Ländern seit Jahren auf dem Rückzug.

Das Arbeitsverhalten der verschiedenen Gruppen kann als Ausdruck eines rollengeleiteten Managementverständnisses begriffen werden. Aus den rollenanalytischen Studien der Vergangenheit ragt die von Henry Mintzberg heraus. Auf der Basis mehrwöchiger Beobachtungen von fünf Top-Managern extrahiert Mintzberg (1973) die in der nachfolgenden Abbildung wiedergegebenen zehn Managerrollen. Manager müssen diese Rollen zumindest teilweise wahrnehmen, wenn sie erfolgreich sein wollen. Der Begriff der Rolle ist ein im Kern soziologischer und sollte nicht dazu verleiten, den Akteuren unechtes, vorgetäuschtes Verhalten zu unterstellen. Hier wird nicht Theater gespielt, sondern versucht, die vielfältigen Anforderungen zu systematisieren, mit denen sich Führungskräfte heute in ihrer alltäglichen Arbeit konfrontiert sehen. Im Überblick lassen sich die zehn «Einzelrollen» in drei Gruppen einteilen: Personenbezogene, informationsbezogene und entscheidungsbezogene Rollen.

Über die relative Bedeutung dieser Rollen lassen sich keine pauschalen Aussagen treffen. Hierarchieebene, Situation des Unternehmens im allgemeinen oder einer Arbeitsgruppe im besonderen sowie die Erwartungen von Mitarbeitern und sonsti-

Bereich	Interpersonelle Rollen	Informations-rollen	Entscheidungs-rollen
Rollen	– Galionsfigur – Vorgesetzter – Vernetzer	– Radarschirm – Sender – Sprecher	– Innovator – Problemlöser – Ressourcenzuteiler – Verhandlungsführer

Rollen von Managern nach Mintzberg (1973)

gen Bezugsgruppen lassen mal die interpersonelle Dimension, mal die Informationsfunktion und mal den Entscheidungsauftrag des Managers hervortreten.

3. Orientierung von Managern

Mit der personifizierten Form der Unternehmensleitung, dem Manager, verbinden sich im westeuropäischen Sprachraum zunehmend Vorstellungen, die einen negativen Beiklang besitzen: Der Manager als leitender Angestellter des Firmeninhabers, als Verwalter fremden Eigentums, als (Gewinn-)Macher, ja als prinzipienloser Geschäftemacher, der Menschen und Umwelt zu eigenem Vorteil ausbeutet. Diese negative Wertung hat viel mit der schleichenden *Trennung von Eigentum und Verfügungsmacht* zu tun. Die Verschiebung vom Eigentümer-Unternehmer zum Manager-Unternehmer ist der modernen, immer komplexer werdenden Wirtschaftswelt geschuldet. Anders gesagt: Die heutige Situation wird dominiert vom angestellten Top-Manager, der vom Firmeneigentümer – dem Marxschen «Kapitalisten» – mit der Führung der Geschäfte seines Unternehmens beauftragt wird. In der klassischen Nationalökonomie stand noch der «Kapitalist» als Eigentümer *und* Lenker der Produktionsmittel im Vordergrund. Aus dem «Kapitalisten» des 19. Jahrhunderts ist dann im 20. Jahrhundert der «Unternehmer» (Entrepreneur) geworden.

Vor allem dem Österreicher Joseph Schumpeter (1883–1950)

sowie Israel Kirzner (geb. 1930) ist es zu verdanken, daß neben der reinen Eigentümerfunktion nun auch eine Lenkungs- und Handlungsfunktion aufscheint. Schumpeter wie Kirzner weisen dem Unternehmer die Aufgabe zu, durch schöpferische Innovationsprozesse («kreative Zerstörung») Fortschritt und damit Wohlstand zu erzeugen – sowohl für einzelne Unternehmen als auch für die Volkswirtschaft insgesamt. Der kreative Dynamiker ist demnach vom passiven Administrator zu unterscheiden. Unternehmer wird man in diesem Sinn nicht durch den Besitz der Produktionsmittel, sondern durch den unablässigen Versuch, neue Produkte, neue Märkte oder neue Arbeitsmethoden zu (er-)finden. Somit können auch Manager «Unternehmer» sein. In Deutschland hat Ernst Heuß (geb. 1922) diesen Gedanken in seiner Markttheorie aufgegriffen: Heuß unterscheidet initiative Pioniere von imitierenden Unternehmern. Gedeihliche Marktentwicklung und Unternehmertyp hängen demgemäß eng zusammen. Denn gäbe es nur Pionierunternehmer, dann würde auf den Märkten aufgrund der ständigen Neuerungen Chaos entstehen, wären nur konservativ-nachahmende «Betriebsleiter» am Werk, gäbe es keinen Fortschritt. Beide Unternehmertypen sind nach Heuß zur Balance von Erneuerung und Bewahrung nötig.

Diese Unterscheidung spiegelt letztlich den Wandel der Produktionsverhältnisse an der Schwelle zur Moderne wider. Wachsende Unternehmensgrößen, neue Rechtsformen – Kapitalgesellschaften als juristische Personen – sowie neue Geldgeber (u. a. Aktionäre!) verlangten nach fachkundigen Firmenlenkern, seien sie besitzend oder angestellt. Seitdem die damit einhergehende Trennung von Eigentum und Verfügungsmacht in den 1930er Jahren erstmals empirisch festgestellt wurde, hat sich diese Tendenz immer weiter fortgesetzt. In den letzten einhundert Jahren ist der Anteil der managerkontrollierten Unternehmen langsam, aber stetig angewachsen; heute werden etwa 90 % der großen Mittelständler sowie der DAX-Konzerne von angestellten Managern geleitet. In den Großorganisationen der Wirtschaft streben somit mehrheitlich nichthaftende Angestellte nach dem, was Kirzner «Arbitragegewinne» nannte.

Das Durchschnittsalter eines DAX-Vorstandsmitglieds beträgt gegenwärtig 51 Jahre. Die empirischen Befunde zu den Bildungsabschlüssen speziell von Vorständen deutscher Aktiengesellschaften zeigen klar, daß eine derartige Position heute ohne akademische Ausbildung (zunehmend mit Promotion oder MBA) kaum noch erreicht werden kann. Hinsichtlich der fachlichen Ausrichtung der Vorstandsmitglieder dominieren die Wirtschaftswissenschaften vor den technisch-naturwissenschaftlichen Fächern. Die Juristen folgen auf Platz drei. Im Zeitablauf hat der Anteil der Wirtschaftswissenschaftler auf Kosten der Juristen stark zugenommen. Hinsichtlich der gerade diskutierten Tendenz zu managerkontrollierten Unternehmen hat sich die Forschung darüber hinaus für die Frage interessiert, ob Manager unternehmenspolitisch anders ausgerichtet sind als die Firmeninhaber. Ergebnis: Unternehmen werden von Managern in bestimmten Punkten durchaus anders geführt als vom Eigentümer selbst. Beispielsweise scheinen managergeführte Unternehmen deutlich risikobereiter zu sein als eigentümerdominierte Unternehmen. Die Inhaber erwiesen sich in vielen Studien als konservativer und behutsamer. Mit dieser Haltung verbindet sich nicht selten, vor allem in klassischen Familienunternehmen, aber auch eine gewisse Starrheit: Notwendige Strategieänderungen werden ebenso unterlassen wie die systematische Erschließung neuer Märkte und Technologien. Eigentümergeführte Unternehmen – der Akademisierungsgrad ist bei diesen übrigens deutlich geringer – besitzen zudem einen längeren Zeithorizont und agieren tendenziell eher in einem partnerschaftlichen Miteinander mit ihren Arbeitnehmern.

Diese Befunde sind allerdings doppelt zu relativieren: Gerade bei inhabergeführten Unternehmen ist die unternehmenspolitische Schwankungsbreite recht groß – einige zeigten sich durchaus als rustikale, beinahe diktatorisch vorgehende Chefs. Ferner bestehen zum Teil beträchtliche interkulturelle Unterschiede, vor allem zwischen Nord- und Südeuropa sowie zwischen den USA und Japan. Diese Varianzen lassen sich nicht zuletzt auf die landesübliche bzw. betriebsspezifische Sozialisation der Führungskräfte zurückführen. Insbesondere in Organisationssoziologie finden sich viele Versuche, diese Varianz zu systematisieren.

Die bekannteste Typologie der Anpassung von Angestellten und Managern an bürokratische Organisationen stammt von Presthus (1966). Dieser unterscheidet drei verschiedene Muster, die sich sowohl auf Manager als auch auf Fachkräfte in Stäben oder organisatorischen Zentralabteilungen beziehen. Der *Aufsteigende* erfüllt die Erwartungen der Organisation im Interesse des eigenen Vorwärtskommens voll und ganz («upward mobile orientation»). Er gehorcht bereitwillig, führt aber auch gerne und erscheint insofern als der ideale Vorgesetzte. Der Aufsteiger ist pragmatisch: Er strebt Prestige und Beförderung an und belohnt berufliches Vorwärtskommen mit Loyalität. Der *Indifferente* ist insgesamt weniger karriereorientiert («indifferent orientation»). Er ist nicht angepaßt und läßt sich – aus seiner Sicht – nicht «verbiegen». Das fällt ihm leicht, da er seinen Lebensmittelpunkt außerhalb des Unternehmens hat. Der Indifferente sucht sein Heil letztlich weniger in der Arbeit als in seiner Freizeit: er arbeitet, um zu leben; übertriebener Ehrgeiz plagt ihn nicht. Seine am Arbeitsplatz gelegentlich erlebte Frustration führt nicht zur offenen Auflehnung, sondern zum stillen, eben indifferenten Rückzug ins Private. Anders der *Ambivalente* («ambivalent orientation»): Er ist durchaus leistungsorientiert, nur hindern ihn seine Introvertiertheit oder soziale Ungeschicklichkeit am hierarchischen Aufstieg. Er ist daher eher Fachmann als Führungskraft. Da sich sein Ehrgeiz nicht selten auf Erfindungen oder technische Tüfteleien richtet, findet sich dieser Typus als Spezialist in Stäben oder innerbetrieblichen Forschungsabteilungen. Hier gerät er des öfteren in den Konflikt zwischen seinem persönlichen Ethos und den Zielen des Unternehmens. Da er aber ehrgeizig ist, ist ihm der Weg in die Indifferenz versperrt. Sein Berufsweg ist am wenigsten vorgezeichnet und vollzieht sich eher in «Projektkarrieren». Im Überblick läßt sich plakativ von stillen Mitläufern, fachlichen Experten und mit anderen um den Aufstieg ringenden Alpha-Tieren sprechen.

4. Managervergütung

Managerarbeit verlangt nach Entlohnung. Laut einer aktuellen Studie der Humboldt-Universität Berlin sind die Bezüge der Chefs der dreißig größten, im DAX gelisteten Unternehmen von 1987 bis 2005 um durchschnittlich 445 % gestiegen. 2007 verdiente ein Spitzenmanager im Durchschnitt das 52-fache eines Mitarbeiters. Zwanzig Jahre vorher lag das Verhältnis noch bei 14 : 1. Die Tendenz der Scherenbildung ist offensichtlich. Am besten werden in Deutschland Führungskräfte von Banken und Energieunternehmen entlohnt. Zwischenbetriebliche Unterschiede in den Bezügen von Managern erklären sich nach aktuellen Befunden vorwiegend aus der Unternehmensgröße, der Eigentümerstruktur, dem Internationalisierungsgrad sowie der Branche.

Im Jahr 2006 erhielt Josef Ackermann (Deutsche Bank) eine Jahresvergütung von 13,2 Mio. Euro, Klaus Reitzle (Linde AG) von 7,4 Mio. Euro, Henning Kagermann (SAP) von 6,1 Mio. Euro. Die Gehälter der Vorstandsvorsitzenden von E.on und BASF liegen in ähnlichen Regionen. Da die Spitzenmanager einen hohen variablen Gehaltsanteil haben – in der Regel macht das fixe Grundgehalt bestenfalls ein Drittel der Vergütung aus –, schwanken die Bezüge in den deutschen Vorstandsetagen von Jahr zu Jahr beträchtlich und können insofern auch deutlich über den genannten Zahlen liegen.

In den USA sind die Relationen allerdings noch krasser: Hier hat sich die Schere zwischen dem Vorstandsvorsitzenden und dem durchschnittlichen Angestellten von 2002 bis 2005 von 280 : 1 auf 400 : 1 geöffnet. Allerdings sind dort auch die Gehaltsabstände zwischen den Mitgliedern eines Vorstands deutlich größer als in Europa: der CEO (Chief Executive Officer) einer Firma verdient in den USA bereits deutlich mehr als sein Stellvertreter. Gleichwohl sind auch deren Gehaltsdifferenzen zu den gewöhnlichen Arbeitnehmern enorm. Und daß gerade die durch die weltweite Finanzkrise stark gebeutelten Banken ihren Managern für das Geschäftsjahr 2008 geschätzte 18,4 Milliarden US-Dollar Bonus gezahlt haben – den sechstgrößten Bonusbetrag in der Geschichte der Wall Street –, ist wahrlich ein Kapitel für sich.

Handelt es sich bei Feststellungen dieser Art um eine Neiddebatte oder um unmoralisch-selbstvergessene Gehälter? Natürlich bestimmt sich der Preis einer Ware nach der Zahlungsbereitschaft derjenigen, die daran interessiert sind. Das ist im Profisport nicht anders als bei Autos, Häusern oder Managern. Aber wer ermittelt diese Zahlungsbereitschaft im letzten Fall? Und wer entrichtet am Ende den festgesetzten Preis? Die Kunden, die Mitarbeiter, die Aktionäre? Der Aufsichtsrat, der über die Entlohnung seiner Top-Manager wacht, zahlt die Zeche jedenfalls nicht. In Anspielung auf die bekannte Metapher der «unsichtbaren Hand» von Adam Smith wird in diesem Zusammenhang auch gern vom «unsichtbaren Handschlag» gesprochen.

Wie dem auch sei: Fakt ist, daß die Entwicklung der Nettoeinkommen 2002–2006 in Deutschland höchst unterschiedlich verlief. Die Arbeitseinkommen stiegen in diesem Zeitraum um 2,6%, die Unternehmereinkommen um 36,8%. Helfen da Relativierungen, wie z. B. der Hinweis darauf, daß vom Realeinkommen her, also gemessen an den Lebenshaltungskosten und der Steuerlast eines Landes, weltweit Saudi-Arabien und die Vereinigten Arabischen Emirate die Spitzenplätze einnehmen, und in Europa vor allem in Polen und Rußland die Realbezüge in den Chefetagen beeindrucken? Fairerweise muß auch erwähnt werden, daß die Gefahr, einen hochdotierten Spitzenjob zu verlieren, in den letzten Jahren in beinahe allen Industrieländern stark gestiegen ist. Das Personalkarussell in den Vorständen dreht sich immer schneller. Die höhere Entlohnung beinhaltet demnach zugleich eine höhere Risikoprämie. Nur: steht die nicht eigentlich auch den einfachen Mitarbeitern zu, deren Jobs heute ebenfalls in Gefahr sind? Und müssen neben den monatlichen Bezügen nicht auch die zum Teil grotesken Abfindungen berücksichtigt werden, mit denen wiederum vor allem in den USA, aber zunehmend auch in Deutschland, selbst gescheiterte Manager versorgt werden? Das Beispiel von Ron Sommer, dem ehemaligen Chef der Deutschen Telekom, zeigt, daß riesige Abfindungen nicht einmal den Gang in den Ruhestand versüßen, sondern die derart mit einem «goldenen Fallschirm» Ausgestatteten auch noch nach kurzer Auszeit wieder zu ähnlichen Konditionen andernorts tätig werden.

Die neuen Corporate Governance-Kodizes enthalten zwar auch Aussagen zur Regulierung von Managergehältern, allerdings eher auf Appellbasis. Daß sich die meisten Vorstände geweigert haben, ihre Bezüge offenzulegen, ist aus der Sicht des einzelnen verständlich, gesellschaftlich jedoch diskussionsbedürftig – gerade angesichts der regelmäßigen Subvention angeschlagener Unternehmen mit Steuergeldern. Die Politik fühlt sich aufgrund des wachsenden öffentlichen Drucks mehr und mehr gezwungen, die bisher unverbindlichen Vorgaben in ein Gesetz zu überführen (Vorstandsvergütungs-Offenlegungsgesetz). Daneben wurden im Frühjahr 2009 die Gehaltsregelungen für Führungskräfte teilweise neu gefaßt: Aktienoptionen, die von den Firmen als Teil des Gehalts gezahlt werden, sollen von den Managern nun erst nach vier Jahren eingelöst werden dürfen. Darüber hinaus muß zukünftig der gesamte Aufsichtsrat über die Managerentlohnung befinden und nicht mehr nur eine kleine Arbeitsgruppe innerhalb des Aufsichtsrats.

Natürlich hängt von der Transparenz und absoluten Höhe der Vorstandsbezüge nicht das Seelenheil der deutschen Gesellschaft ab; gleichwohl wären entsprechende Selbstverpflichtungen ein wichtiges Signal dafür, daß sich die Manager zumindest in diesem Punkt stärker in die Pflicht nehmen lassen wollen.

5. Managerethik

Die massiven Probleme, die im Zuge der aktuellen Weltwirtschaftskrise sowie einer grundsätzlichen Globalisierungsskepsis offenbar werden, geben Fragen der Managerkontrolle und Managerethik neuen Auftrieb. Ist es z. B. vertretbar, mit afrikanischen Diktatoren Geschäfte zu machen? Dürfen Industriestaaten ganze Länder wirtschaftlich ausbeuten oder deren Wettbewerbschancen durch Subvention der heimischen Wirtschaft zunichte machen? Dürfen internationale Geldfonds wie «Heuschrecken» über im Kern gesunde Unternehmen herfallen und die Kosten dieser Übernahme dann auch noch der gekauften Firma aufbürden, bevor man sie zu guter Letzt in lukrative Einzelteile zerlegt? Ist es richtig, daß deutsche Unternehmen Teile ihrer Produktion in Länder verlagern, in denen Kinderarbeit nicht auszuschließen ist? Dürfen Unternehmen geheime Krankenakten über ihre Mitarbeiter anlegen? Und ist es akzeptabel, wenn Hersteller von Kosmetika zum Teil grausame Tierversuche durchführen, nur um zum Weihnachtsgeschäft den zwanzigsten «neuen» Lippenstift zu kreieren?

Die Versuchung ist groß, alle Fragen mit einem klaren Nein zu beantworten. Allerdings lassen die genannten Beispiele bei näherem Hinsehen auch erkennen, daß in die Antwort zumindest Nebenwirkungen und Zeiteffekte einzubeziehen sind: Profitiert z. B. die Bevölkerung des afrikanischen Diktators vom Außenhandel? Ergeben sich aus den Tierversuchen nicht vielleicht noch andere, medizinisch nützliche Effekte? Außerdem: Können Manager überhaupt aus ihrer Systemlogik ausbrechen? Sie werden letztlich dafür bezahlt, Organisationen zu leiten, von denen ihre Eigentümer eine möglichst hohe Eigenkapitalverzinsung erwarten. Unternehmen sind ökonomische, nicht karitative Teile der Gesellschaft; die Gewinnerzielungsabsicht liegt ihnen sozusagen im Blut. Allerdings: Die Grenze ist da erreicht, wo zugunsten kurzfristiger partikularer Profite oder politischer Wohlstandswünsche der Mensch auf Arbeit und Konsum reduziert, wo die Natur schlicht zum Material degradiert wird, dessen ungehemmter Verbrauch die Lebenschancen zukünftiger Generationen gefährdet.

Aus diesem Grund wird von vielen Bürgern wie auch kritischen Denkern der Staat in die Pflicht genommen: Er soll dem weltweit herrschenden Trend zur Ökonomisierung aller Lebensbezüge mit seiner Regelungskraft entgegentreten und die Ökonomie auf ihre Dienstfunktion zurückführen. Diese Vorstellung deutet auf einen fast systemimmanenten Gegensatz zwischen Staat und Unternehmen hin – partikulare Interessen hier, öffentliche dort; monetäre Verhaltensausrichtung hier, Pflicht zur einschränkenden Überwachung dort. Ein Problem indes bleibt:

Wessen Ordnungsvorstellungen dürfen am Ende dominieren? Maßstäbe, auch Maßstäbe des guten, also sittlich-moralischen Verhaltens sind letztlich nicht wahrheitsfähig. Sie können von daher kaum als «gut» oder «schlecht» beurteilt werden, sondern nur als technisch zweckmäßig oder unzweckmäßig. Aber genügt das?

Ein unrühmliches Kapitel schrieben in diesem Zusammenhang auch die jüngsten Datenskandale der Einzelhandelskette Lidl, der Bonner Telekom sowie der Deutschen Bahn. Im ersten Fall wurden Mitarbeiter und Kunden mit versteckten Kameras beobachtet; im zweiten Fall systematisch Gespräche von Führungskräften und Betriebsratsangehörigen abgehört. Bei der Bahn wurden zwischen 2002 und 2006 nahezu alle 240 000 Mitarbeiter ohne ihr Wissen und ohne konkreten Anfangsverdacht zum Teil mehrfach mittels Rasterfahndung auf Korruption hin überprüft. Zu beanstanden ist auch der schwunghafte Handel mit Kundendaten, der sich in einigen Branchen offenbart. Fast scheint jedes Mittel recht, um in den Besitz von sensiblen Informationen zu kommen. Unter Ausblendung sittlicher Normen könnte man diesem Treiben durchaus rationales, betriebswirtschaftlich «zweckmäßiges» Tun attestieren – die Bahn möchte eben die interne Korruption bekämpfen, Lidl Diebstähle und Faulenzertum in der Belegschaft aufdecken.

Wie für jeden Entscheider ist es auch für den Unternehmensmanager jedoch wichtig zu erkennen, daß «Rationalität» (Zweckmäßigkeit) keineswegs ein eindeutiges Konzept ist. Der formalen Rationalität steht eine *materielle Rationalität* gegenüber. Erstere sucht nach effizienten Wegen und Mitteln zur Zielerreichung, letztere hinterfragt hingegen Ziele und Zwecke. Ein Alkoholiker mag den kürzesten Weg zum günstigsten Schnapsgeschäft kennen – rational im materiellen Sinne handelt er damit nicht. Materiell wäre es womöglich vernünftiger, eine Suchttherapie zu beginnen oder eine Selbsthilfegruppe der Anonymen Alkoholiker aufzusuchen. Ein literarisches Beispiel für das mögliche Auseinanderfallen von formaler und materieller Rationalität findet sich in Melvilles großem Roman «Moby Dick». Der rachsüchtige Kapitän Ahab kennt darin zwar alle Zugrouten seines Gegners und hat dessen Gewohnheiten perfekt studiert, stellt sich aber nie die Frage, ob es sinnvoll ist, ein zu Reflexion unfähiges Tier, das sich noch dazu nur verteidigt, bis in den Tod zu jagen.

Ob sich Führungskräfte – bzw. Menschen allgemein – tatsächlich moralisch und verantwortungsvoll verhalten, scheint am Ende eher eine Frage der persönlichen Wertorientierung zu sein. Dieser Abschnitt spricht daher bewußt weniger von Unternehmens- oder Wirtschaftsethik als von Manager-, also Individualethik. Der Begriff «Ethos» meint interessanterweise in seiner ursprünglichen Form den Aufenthalt, den Wohnort, die Heimat eines Menschen. Erst in einer neueren Bedeutungsvariante bezeichnet «Ethos» bestimmte Denk- und Verhaltensweisen, nun vor allem in der Form des sittlichen Handelns, des Charakters, der Gesinnung.

Ergänzend könnten christliche Orientierungen herangezogen werden. Wer die natürliche Umwelt von Unternehmen und Mensch als Teil der göttlichen Schöpfung betrachtet, dem sollte deren ungehemmte Ausbeutung schon schwerer fallen. Diesbezügliche Grundorientierungen hat Papst Pius XI. in seiner 1931 veröffentlichten Enzyklika *Quadragesimo Anno* vermittelt. Auch die von Matthäus überlieferte Bergpredigt Jesu läßt sich als sozialethisches Programm lesen: hier wird dazu aufgefordert, Gutes zu tun und von Besitzgier abzulassen. Aus dem Christentum gingen viele Sozialbewegungen hervor, die dann gern auch politisch oder ökonomisch utopische Züge annahmen (Vergesellschaftung der Produktionsmittel oder des privaten Eigentums etc.).

Die Frage, ob dem Menschen eine bestimmte ethische Qualität immer schon anhaftet oder ob er als Tabula rasa auf die Welt kommt und von seiner Umwelt dann positiv befruchtet werden muß, bleibt sowohl theologisch als auch psychologisch umstritten. Dessen ungeachtet zeigte Max Weber in seiner bereits angesprochenen Religionssoziologie, daß ein christlicher Wertefundus positiv mit geschäftlichem Erfolg verbunden sein kann. Eine Brücke zwischen Religion und Unternehmensethik schlagen in Deutschland vor allem die Benediktiner sowie diverse Verbände christlich orientierter Unternehmensführer, wie z. B. der *Bund Katholischer Unternehmer* oder der *Verband Christen in der Wirtschaft (CiW)*.

Auch die diesbezüglich neutrale Betriebswirtschaftslehre beschäftigt sich seit längerem mit der Frage, wie Manager gewinnorientiert und gleichzeitig sozial verantwortlich handeln können. Einig ist man sich in der Propagierung eines veränderten Unternehmensbildes, das Wirtschaftsbetriebe nicht mehr nur als bloße Güterproduzenten oder private «Gewinnmaschinen» betrachtet, sondern in ihrer gesamtgesellschaftlichen Funktion anspricht. Eine Speerspitze dieser Bewegung ist das alljährliche Treffen von maßgeblichen Führern aus Wirtschaft und Politik im schweizerischen Davos. Bekannt geworden ist insbesondere das *Manifest*, das dort auf dem Dritten Management-Symposium 1973 abgefaßt wurde. Die Arbeit daran fiel in die Zeit wachsender ökologischer Sensibilität – kurz zuvor hatte der *Club of Rome* seine aufsehenerregende Studie zu den «Grenzen des Wachstums» vorgelegt. Das Davoser Manifest kreist daher vor allem um die Idee des Interessenausgleichs, sowohl zwischen ökonomischen als auch außerökonomischen Akteuren. Da es jedoch sowohl die Frage der konkreten Managementkontrolle ausklammert als auch keine praktikablen Methoden zur Findung von Kompromissen vorschlägt, ist es letztlich nur von symbolischem Wert. Das Manifest wäre glaubwürdiger, wenn es nicht mehr pauschal von der bequemen Idee der Selbstkontrolle und Selbstverpflichtung des Managements ausginge.

Dabei wird ethisches Handeln eigentlich nur im Fall von Zielkonflikten schwierig: Solange sich die Beachtung ökologischer Belange in steigendem Unternehmenserfolg niederschlägt oder sich das gemeinwohlorientierte Vermeiden von Abfällen und Emissionen kostenneutral realisieren läßt, ist Managen einfach. Zur Nagelprobe kommt es erst im Spannungsfeld widerstreitender Effekte. Dennoch können Dritte, Gesetzgeber wie Aktionäre, «gutes» Verhalten zumindest anreizen. Manager verstoßen oft auch deshalb gegen das Gemeinwohl, weil sie die externen Effekte ihres Tuns nicht einkalkulieren müssen. Werden Regenwälder abgeholzt oder Flüsse verunreinigt, so existieren hierfür kaum belastbare Daten (oder gar «Preise»), mit denen der Umfang des Kollektivschadens zu quantifizieren wäre. Ein Schritt zur Kompensation derartigen Marktversagens sind die heiß diskutierten Verschmutzungsrechte, die CO_2-Emmittenten länderweise erwerben müssen. Einen weiteren Orientierungspunkt könnten klare Straftatbestände mit monetären Haftungsfolgen bieten. Eine tragfähige gesetzliche Grundlage für haftungsrechtliche Ausgleichzahlungen – so z. B. bei absichtlichen Fehlmeldungen von Unternehmen oder schlechter Finanzberatung durch Bankangestellte – steckt allerdings immer noch in den Anfängen.

«Management» ist nicht nur Handwerk, sondern auch eine geistig-moralische Haltung. Zur Entwicklung einer werteorientierten Unternehmensführung ist es wichtig, sich vor Augen zu halten, daß – auch wenn unser Alltagssprachgebrauch davon abweicht – letztlich nicht Organisationen handeln, sondern Menschen. «Das Unternehmen weigert sich, Schadenersatz zu zahlen», «der Betrieb betritt mit seinem Geschäftsmodell Neuland» – nein: ein zuständiger Mitarbeiter weigert sich zu zahlen, eine Person in der Unternehmensspitze betritt Neuland. Das «Unternehmen» ist nur eine juristische oder psychologische, jedenfalls artifizielle Denkfiktion. Ausgehend vom erkenntnistheoretischen Prinzip des *Methodologischen Individualismus* ergibt sich betriebliches Verhalten als Summe der vielen, vielen Einzelhandlungen im System: Die Entscheidungen Tausender Kunden erzeugen «die» Nachfrage; die Anstrengungen Hunderter Angestellter ergeben «die» Jahresproduktion.

Man sollte sich also zumindest auf grundsätzliche ethische Mindestanforderungen an ökonomisches Handeln verständigen. In einer ersten Forderung sollten (politische wie wirtschaftliche) Entscheidungen prinzipiell begründbar sein und faktisch auch begründet werden. Darüber hinaus sollte der Maßstab des eigenen Handelns nicht ausschließlich an ökonomischen Kriterien ausgerichtet werden. Der «Dienst am Mammon» ist nicht alles: Maßlosigkeit (gula) und Habsucht (avaritia) sind in der Bibel nicht zufällig Todsünden. Dieses Grundprinzip entspricht zugleich der Einsicht in eine zunehmend vernetzte Welt. Zum dritten muß unternehmerisches Tun mit einer Erweiterung der Zeitperspektive verbunden sein; es sollten ausdrücklich auch die langfristigen Konsequenzen betrieblicher Handlungen in deren Beurteilung einfließen. Managerethik ist in diesem Sinne mit einem Denken in Quartalen und Geschäftsjahren kaum zu vereinbaren. Statt dessen müßten sich Entscheidungen an ihren kumulierten Gesamtwirkungen orientieren. Ohne eine systematische Anpassung der betrieblichen Anreizsysteme wäre dies zu fordern allerdings blauäugig.

Am Ende unseres Diskurses drängt sich die zeitlose Benediktinerregel *ora et labora* auf. Praktische Nächstenliebe in Genügsamkeit und Demut – dies sind Primärtugenden, die gerade auch Menschen gut zu Gesicht stehen, die über andere Menschen bestimmen. Papst Pius XI. formulierte es in seiner bereits erwähnten Enzyklika so: «Auf ehrliche und rechtschaffende Weise ihren Wohlstand zu mehren, ist denen, die in der Gütererzeugung tätig sind, mitnichten verwehrt. Ja, es ist nur billig und recht, daß, wer zum Nutzen der allgemeinen Wohlfahrt tätig ist, auch entsprechend an der gemehrten Güterfülle Anteil habe und zu steigendem Wohlstand gelange. Nur muß der Erwerb dieser Güter in schuldiger Unterwürfigkeit unter Gottes Gesetz und ohne Rechtsverletzung gegenüber dem Nächsten sich vollziehen, und ihre Verwendung nach den Grundsätzen des Glaubens und der Vernunft wohlgeordnet sein.»

6. Der Alltag eines Managers: Handeln zwischen Autonomie und Sachzwang

Denken und Fühlen, Analysieren und Vermuten, Wissen und Raten sind Zustände, die in der Praxis des Managements fließend ineinander übergehen. Persönliche Werte, Kenntnisse und Erfahrungen, augenblickliche Stimmungen und subjektive Vorurteile interagieren untrennbar miteinander – Führungskräfte sind weder allmächtige Architekten noch allzeit rationale Planer. Aber wie sieht es im Detail aus?

Jenseits der gängigen Klischees wurden systematische Studien über die Tätigkeit von Managern bereits vor über fünfzig Jahren durchgeführt. Anfänglich wurde auf die Selbstbeobachtung von Managern nach der sog. Tagebuchmethode gesetzt, später eher die teilnehmende Beobachtung angewandt, teilweise kombiniert mit vertiefenden Interviews. In der zentralen Tendenz belegen diese Studien, daß die *work activities* von Führungskräften nur zu einem geringen Teil mit der gängigen Vorstellung der nüchtern abwägenden Führungskraft übereinstimmen. Tatsächlich ist in der Praxis viel weniger geplant und wird viel seltener umfassend-objektiv entschieden als gemeinhin angenommen. Herbert Simon wird in seiner Skepsis bestätigt. Überdies ist der Arbeitsprozeß eines Spitzenmanagers extrem zerstückelt. So ermittelt Mintzberg, daß etwa die Hälfte aller Aktivitäten weniger als neun Minuten in Anspruch nimmt; nur zehn Prozent dauern länger als eine Stunde. Ungestörte Schreibtischarbeit ist insofern die absolute Ausnahme. Dazu läuft sehr viel mehr als angenommen über mündliche Kommunikation – in einzelnen Studien verbringen Manager fast neunzig Prozent ihrer Arbeitszeit in und mit Besprechungen. Überraschend wenig geschieht schriftlich, die Regel sind face-to-face-Situationen, in denen die Führungskraft mehr fragt und zuhört, statt selbst zu reden und Anweisungen zu erteilen. Der Manager ist danach zuvorderst ein Informationsverarbeiter.

Dabei wirken sich die *neuen Medien* (E-Mail, SMS, Videokonferenzen, virtuelle Welten etc.) mit ihrer Echtzeitkommunikation keineswegs immer segensreich aus. Mit ihnen steigen zwar die Kommunikationschancen, aber auch die Gefahren. Ständige Unterbrechungen, das Gefühl der Überall-Erreichbarkeit und das hierdurch begünstigte Verschwimmen der Grenze zwischen Arbeits- und Freizeit resultieren immer häufiger in der typischen Zivilisationskrankheit Burnout. In Japan ist insbesondere der *karoshi* gefürchtet, der überraschende Herztod durch Überarbeitung. Wichtig ist für den modernen Manager daher auch die Kunst des Ignorierens und Abschaltens.

Die alltägliche Arbeit des Managers wird überdies durch diverse *Dilemmata* erschwert. Da sind zunächst die vielen offenen Bearbeitungszyklen – nur wenige Dinge können wirklich befriedigend abgeschlossen werden. Ein weiteres sachliches wie psy-

chologisches Problem ist die Mehrdeutigkeit der Entscheidungs-
situation, die in der Regel aus einer unklaren Informationslage
entsteht. Somit müssen Beschlüsse oft ohne wirklich ausreichende Basis getroffen werden; das Management fliegt «auf
Sicht» oder sogar «blind». Dies ist insbesondere bei langfristig
orientierten Entscheidungen, wie z. B. Investitionen in neue
Technologien oder Märkte, ein Problem, denn hier greift ein
weiteres Dilemma: die späte Rückkopplung. Oft ist es den
Beteiligten an einem größeren strategischen Manöver – einer
Firmenübernahme, einer neuen Geschäftsstrategie, einem neu
erschlossenen oder gerade aufgegebenen Absatzmarkt – nicht
einmal im nachhinein möglich zu erkennen, ob sie mit ihrer
einstmaligen Entscheidung richtig gelegen haben. Positive und
negative Effekte halten sich die Waage und werden zudem erst
mit jahrelanger Verzögerung sichtbar. So wird z. B. noch heute
darüber gestritten, ob Edzard Reuter, der ehemalige Chef von
Daimler-Benz, Fluch oder Segen über das Unternehmen gebracht hat mit seiner Entscheidung, das Stuttgarter Vorzeigeun-
ternehmen in den 1980er Jahren zu einem umfassenden Tech-
nologiekonzern zu entwickeln. Dies zeichnet Management wohl
generell aus: Handeln zu müssen, ohne die Folgen restlos über-
schauen zu können!

Obendrein können in der heutigen, komplexen und global
vernetzten Welt ambitionierte Ziele oft nur gemeinsam mit anderen erreicht werden. Unternehmen A braucht einen Kooperationspartner B, Vorgesetzter C ist als Teamleiter auf den guten
Willen seiner Mitarbeiter D, E, F angewiesen. Der Zwang zur
Zusammenarbeit mit Dritten ist da, aber deren Handlungen
sind für den einzelnen Manager letztlich nur eingeschränkt beeinflußbar, geschweige denn vollständig zu kontrollieren. Weitere Interessengruppen mischen sich ein. Leitende Führungskräfte müssen somit Verantwortung für Resultate übernehmen,
die – wenigstens teilweise – nicht vorhersehbar sowie von anderen (mit)verursacht sind. Ressourcenprobleme treten noch
hinzu: Man bekommt selten ausreichend Zeit, zu wenig Personal, ein zu geringes Budget. Managerhandeln stellt sich in der
Praxis am Ende als Lavieren zwischen Sachzwängen, Restrik-

tionen und einem mehr oder minder großen Rest an Eigengestaltung dar.

Gelegentlich flammt die Diskussion darüber auf, ob weibliche oder männliche Führungskräfte mit dieser Situation besser umgehen können. Die Befunde hierzu sind noch viel zu vage, um zu einem verläßlichen Urteil zu kommen. Auffällig ist allerdings, wie schwierig der Weg für Frauen in das oberste Management ist: Gegenwärtig sitzt in sämtlichen DAX 30-Unternehmen nur eine einzige Frau auf einem Vorstandsposten (bei Siemens). Da Frauen auch einen überproportionalen Anteil an den Teilzeitjobs besitzen, verwundert es nicht, daß sich in einschlägigen Statistiken immer noch signifikante Gehaltsunterschiede zeigen.

Aber gleichgültig, ob männlicher oder weiblicher Manager: Die Wissensarbeiter des 21. Jahrhunderts sind entwicklungsorientierte und zugleich zur Selbstausbeutung neigende Persönlichkeiten. Diese Verhaltenstendenz ist u. a. Folge der radikalen Beschleunigung moderner Wirtschafts- und Lebenswelten. Diese Beschleunigung ist «keine Marotte geldgieriger und sinnverlassender Manager oder Politiker, sondern ein Basistrend der von der modernen Informationstechnik geprägten Ökonomie» (Glotz 2004, S. 21 f.). Der Zwang zur Flexibilität, zum ständigen Job- oder Wohnortwechsel bedeutet für moderne Führungskräfte eine häufig nur schwer erträgliche Belastung. Diese Belastung ist nach Meinung vieler Soziologen bereits in der *«Kultur des neuen Kapitalismus»* angelegt und somit vom einzelnen kaum beeinflußbar. Bekannt geworden ist in diesem Zusammenhang das Wort von der unweigerlichen «corrosion of character», das Richard Sennett zu Beginn der neunziger Jahre geprägt hat. Familiäre Beziehungen und soziale Netzwerke sind trotz allen medialen Fortschritts immer schwieriger zu pflegen; viele «Jobhopper» sind sozial und regional entwurzelt. Die meisten haben keinen Beruf mehr, sondern einen Job. Die Zahl der losen Bekanntschaften erhöht sich, die Dauer und Tiefe der Beziehungen nimmt ab. Die soziale Kontaktaufnahme muß vom Manager letztlich ebenso beherrscht werden wie die Kontaktverweigerung.

Blick in die Zukunft

Als praktische Tätigkeit und zugleich systematische Leitungs-
wissenschaft ist Management aus der heutigen Wirtschaftswelt
nicht mehr wegzudenken. Erfolgreiche Unternehmen sind ohne
wirksame Führung schlicht nicht vorstellbar. Im ersten Kapitel
dieses Büchleins erschien Management demgemäß als die Erfor-
schung und Entwicklung guter Unternehmensführung. Im zweiten Kapitel verkörperte Management ein Bündel von sinnvoll
miteinander verknüpften Aufgaben und Funktionen. Das dritte
Kapitel schließlich zeigte Management in seiner berufspraktischen Erscheinungsform. Alle drei Facetten vermitteln einen
Eindruck von dem, was die Managementwissenschaft gestern
und heute beschäftigt hat.

Aber wie geht es weiter? Daß die arbeitende Menschheit den
Weg von der Industrie- zur Wissensgesellschaft beschreitet, ist
heute beinahe jedem bekannt. Wirtschaftswachstum entsteht im
21. Jahrhundert nicht mehr so sehr durch die Ausweitung der
materiellen oder finanziellen Produktionsbasis (also größere
Produktionsanlagen oder mehr Finanzkraft), sondern eher
durch die Akkumulation von Know-how. In der Wissensgesellschaft wird es daher mehr Manager als in der gewohnten Industriegesellschaft geben, auch wenn sich dieser Personenkreis in
der Praxis nicht immer mit entsprechenden Berufsbezeichnun-
gen zieren wird. Vor dem Hintergrund der durch die moderne
Informationstechnologie radikal verbesserten Kommunika-
tions- und Kontrollmöglichkeiten werden gleichwohl Stimmen
laut, die die *Notwendigkeit einer zentralen Führung* von Unternehmen in Zweifel ziehen – statt dessen könne sich das hochqualifizierte Personal heute selbst steuern. Darin steckt mehr als
ein Körnchen Wahrheit: Der Vorgesetzte hat heute kaum noch
ein Informationsmonopol; immer mehr Mitarbeiter arbeiten an
und mit Computern und sind damit weltweit nur einen Maus-

klick von hilfreichen Informationen entfernt. Und dennoch ist der Kern guter Unternehmensführung nicht zu programmieren: Planen mit Phantasie, Entscheiden mit Augenmaß und Humanität, Kontrollieren im Stil konstruktiven Miteinanders.

Dennoch: Wie steht es mit dem Selbstmanagement des Personals? Peter Drucker prophezeite schon in den 1960er Jahren das betriebliche Herrschaftsbild der Expertokratie. Demnach gleicht das typische Unternehmen im 21. Jahrhundert eher einem Sinfonieorchester als einem klassischen Produktionsbetrieb. Die Einzelkönner müssen zwar durch die starke Hand eines Dirigenten zusammengehalten und von diesem auf eine vorgeschriebene Partitur (die Unternehmensziele) verpflichtet werden; gleichzeitig ist der Leistungsbeitrag des einzelnen Musikers respektive Kopfarbeiters aber kaum mehr über formale Kriterien zu erfassen. Kommen und gehen alle pünktlich? Liefert der Kreativdirektor seinen Konzeptvorschlag rechtzeitig ab? Der Kopfarbeiter, der vor dem Fenster seines Büros steht und hinausschaut – ist er produktiv oder macht er gerade Pause? Und ist ein Programmierer, der hundert Zeilen am Tag schreibt, effizienter als einer, der das Problem mit zehn Zeilen löst, dafür aber zwei Tage braucht? Leistung und Nicht-Leistung sind im Bereich der geistigen Arbeit vom Leistungsprozeß her kaum voneinander zu unterscheiden. Das stellt die Nützlichkeit der klassischen Managementaufgaben in Frage. Dasselbe gilt für Arbeitsort, Arbeitszeit, Arbeitsprozeß. Dort, wo es weniger auf «Maschinenlaufzeit» als auf «Gehirnlaufzeit» ankommt, versagt ein auf quantitative Größen fixierter Produktivitätsbegriff.

Daneben begegnet man der These, daß effektive Unternehmensführung oft gar *nicht (mehr) möglich* ist. Es gibt zwei Begründungsstränge. Erstens: Zunehmende Bildung macht einen Menschen bzw. Mitarbeiter autonomer und selbständiger. Obwohl dieser Effekt die betrieblichen Führungskräfte entlasten könnte, wird er von ihnen in der Regel eher gefürchtet als begrüßt: Regelungswut, Kontrollwahn und eine weitgehende Mißtrauenskultur waren und sind daher die Markenzeichen nicht weniger Unternehmen. Wenn die herkömmlichen Orientierungsgrößen Arbeitsort und Arbeitszeit verschwimmen, dann lösen sich zugleich die gewohnten Regelungsgebäude aus Verträgen und Strukturen mehr und mehr auf.

Zweite Begründung: Gerade die Spitzenpositionen der Wirtschaft werden aufgrund einer letztlich ungeeigneten Beförderungspraxis am Ende von überforderten Personen eingenommen. Diese als *Peter-Prinzip* bekannt gewordene Behauptung besitzt sicherlich keine generelle Gültigkeit. Ihre Grundüberlegung beansprucht jedoch eine gewisse Plausibilität: Stelleninhaber bewähren sich im Alltag als Fachleute für dieses und jenes und werden daraufhin in eine Leitungsposition befördert, für die sie dann alles andere als geeignet sind. Denn nur, solange man sich bewährt, steigt man ja auf. Der berufliche Aufstieg muß also in einer Position enden, für die die betreffende Person nicht mehr vollständig qualifiziert ist. Überspitzt gesagt: Der einstige Fachmann wird irgendwann zum Dilettanten.

Mit dieser These lassen sich möglicherweise die desaströsen Resultate einer Studie des Beratungsunternehmens Gallup erklären. Diese ermittelt in einer Untersuchung aus dem Jahr 2005, daß durchschnittlich nur noch 13 % der Mitarbeiter eine emotionale Bindung an ihr Unternehmen zeigen. 68 % der Mitarbeiter arbeiten dagegen im Schongang und machen «Dienst nach Vorschrift»; 19 % betreiben sogar aktive Sabotage. Es kommt zu *workplace revenge*, d. h. zu einer aktiven Schädigung der Firmeninteressen. Dann werden z. B. vom Call-Center Interessenten schlecht beraten, dem Kunden absichtlich ein falsches Produkt geschickt oder Gerüchte über den eigenen Chef in die Welt gesetzt. Und auch viele Fälle von Wirtschaftsspionage und Ausspähung durch eigene Mitarbeiter sind heute von Unzufriedenheit und persönlicher Frustration motiviert.

Zum Verständnis dieser Erscheinungen mögen neuere Erkenntnisse der Personalforschung beitragen, die Managern einen erhöhten Hang zum *Narzißmus* attestieren. Negative, d. h. zur Ausbeutung oder Erniedrigung ihrer Angestellten neigende Narzißten stehen dabei neben konstruktiven («produktiven») Narzißten, welche auf der Basis großen Selbstvertrauens Visionen kreieren und ihre Mitarbeiter mit Zuversicht und Energie versorgen. Waren die großen charismatischen Führer, Künstler und

Sportler der Vergangenheit – Napoleon, John F. Kennedy, Willy Brandt, aber auch Muhammad Ali, Frank Sinatra, John Lennon – nicht allesamt Menschen dieses Schlages? Gehen Eigenliebe, Strahlkraft und beruflicher Erfolg etwa Hand in Hand?

Die Führung des betrieblichen Personals wird allerdings auch immer schwieriger. Dies hängt zum einen mit der wachsenden Heterogenität der Belegschaften zusammen, zum anderen mit einem zunehmenden Nutzendenken der Arbeitnehmer. Beide Tendenzen werden durch den heute wesentlich häufigeren Jobwechsel sowie den inzwischen üblichen Einsatz von Teams in Unternehmen noch verstärkt. Gruppenarbeit, lange vor allem aus der Automobilfertigung bekannt, hat sich in vielen Branchen als Standardmodell der Arbeitsorganisation durchgesetzt. Vor allem in wissensnahen Organisationen sind Teamkonzepte heute die Regel, denn Teams helfen den Unternehmen dabei, sich konsequent am Markt auszurichten und neue Produkte schneller einzuführen. Auf der anderen Seite leisten Gruppen – wenn sie ungünstig zusammengestellt und schlecht geführt werden – dem sozialen Faulenzen Vorschub.

Darüber hinaus nimmt aufgrund des deregulierten europäischen Arbeitsmarkts sowie intensivierter internationaler Anwerbebemühungen (Stichwort: Green Card) die Zahl der Unternehmen zu, deren Mitglieder aus unterschiedlichen Kulturen stammen. Grenzüberschreitende Firmenkooperationen tragen ein weiteres zur ethnischen Durchmischung der Belegschaften bei, so daß letztlich immer häufiger Menschen mit unterschiedlichen Wurzeln am Arbeitsplatz zusammenkommen. Manager wie Angestellte sind somit immer seltener im nationalen Rahmen operierende Einzelkämpfer. In Amerika wurde in diesem Kontext der Begriff *diversity* geprägt. Dieser Begriff bezieht sich zugleich auf den wachsenden Anteil älterer Arbeitnehmer in den Betrieben. In Folge des mit den bekannten demographischen Verschiebungen verbundenen Rückgangs der Zahl jüngerer Menschen werden die sog. *best ager* wieder verstärkt in den Betrieben eingesetzt.

Viel ist über die Vor- und Nachteile dieser Situation geschrieben, u. a. ein professionelles *diversity management* von den Betrieben eingefordert worden. Für die Personalführung wirft das die Frage nach einem sowohl alters- als auch kulturgerechten Vorgesetztenverhalten auf. Klar ist allerdings: Der Erfolg oder Mißerfolg multikultureller Teams hängt letztlich nicht von deren kultureller Unterschiedlichkeit als solcher ab, sondern von der Tatsache, wie die damit verbundene Vielfalt gemanagt, genauer: wie sie von der Führung mit ihren speziellen Stärken gefördert und in ihrer besonderen Problematik unterstützt wird. Globales Agieren und interkulturelle Zusammenarbeit gehören zwangsläufig zusammen. Gleichwohl ist bei vielen Führungskräften das Bewußtsein hierfür zwar vorhanden, die Umsetzung einer kultursensiblen Mitarbeiteranleitung in der Praxis fällt aber oft schwer. Offenheit und interkulturelle Empathie sind charakterliche Eigenschaften, die nur schwer absichtsvoll zu entwickeln sind. Der italienische Mitarbeiter, der sich mit einer Frau als Chefin schwertut, oder der türkischstämmige Kollege, der Jobrotation als indirekten Tadel, ja als Beleidigung empfindet, weil er hieraus Unzufriedenheit mit seiner bisherigen Arbeitsleistung abliest, verlangen einen sensiblen, interkulturell begabten Vorgesetzten. Schwierigkeiten, die vor allem auf unterschiedliche Rollenverständnisse, abweichende Arbeitsmethoden, den erschwerten Aufbau interpersonalen Vertrauens sowie ein insgesamt erhöhtes Konfliktpotential in multikulturellen Teams zurückgehen, treten letztlich um so klarer hervor, je stärker die einzelnen Mitarbeiter ihrer nationalen Identität und Ursprungskultur verhaftet sind.

Allerdings sollten nicht die Stärken der kulturellen Diversität übersehen werden, welche speziell kreativen Tätigkeiten zugute kommen. Eine vielfältige Belegschaft kann besser auf die Wünsche und Bedürfnisse verschiedener Bevölkerungsgruppen eingehen. Arbeitsgruppen mit innovativen Aufgaben, wie z. B. in der Forschung und Entwicklung, benötigen daher tendenziell einen höheren Grad an Heterogenität als Teams, die eher koordinierende Aufgaben wahrzunehmen haben. Bei analytischen Tätigkeiten zahlt sich Heterogenität vor allem dann aus, wenn es um die valide Interpretation «weicher» Daten geht (wie dies insbesondere bei strategischen Fragestellungen der Fall ist). Hier eröffnen heterogene Zugänge zusätzliche Perspektiven und erlauben neuartige Einsichten und Handlungsmuster. Dies ist gerade für eine auf Innovationen angewiesene Wirtschaft essentiell.

Wenn die Personalführung schwieriger wird, dann liegt das auch an dem zunehmend rauhen Klima, das in vielen Unternehmen herrscht. Hierfür steht stellvertretend der Begriff des *Darwiportunismus*, den der Saarbrücker Personalexperte Christian Scholz vor einigen Jahren geprägt hat. Der Begriff ist ein Kunstwort, das Darwinismus und Opportunismus, also eine schärfere darwinistische Auslese sowie einen größeren Egoismus bei Arbeitgebern und Arbeitnehmern zusammenfassen soll. Auch wenn sich kaum ein Unternehmen offen zum Darwinismus bekennt: Der Kampf um Vorteile ist alltäglich und setzt sich auch innerhalb des Unternehmens fort. Für den einzelnen Mitarbeiter heißt das: es gibt so gut wie keine sturmfesten Arbeitsplätze mehr! Besonders Mitarbeiter in Großunternehmen wie der Allianz oder Siemens, die ihre Arbeitsplätze lange für ungefährdet hielten, merken heute mit Schrecken, daß es ihren Arbeitgebern geschäftlich ausgezeichnet geht, diese aber trotzdem massiv Stellen abbauen. Entlassen wird im Zeitalter der Globalisierung längst nicht mehr nur bei roten Zahlen.

Wen wundert es, wenn sich vor diesem Hintergrund individueller Opportunismus ausbreitet? Die hochqualifizierten Kräfte emanzipieren sich emotional immer mehr von ihren Arbeitgebern, lassen sich nicht mehr so bereitwillig vereinnahmen und für Firmenzwecke instrumentalisieren. Die Loyalität gegenüber der Firma geht zurück, emotionale Bindungen gelten als Schwäche, jahrzehntelange Traditionen reißen ab. Mitarbeiter nutzen konsequent sich ergebende Chancen – daß man dabei anderen schaden könnte, wird billigend in Kauf genommen. Man muß nur die Tagespresse lesen, um zu erkennen: die Unternehmensziele weichen zunehmend von den Mitarbeiterzielen ab. An die Stelle altruistischer Orientierung tritt bei vielen Firmenmitgliedern das Streben nach der Befriedigung ichbezogener Bedürfnisse – von der Einkommensmaximierung bis zur radikal karriereorientierten Wechsel- und Trennungsbereitschaft.

Gleichzeitig weisen Organisationssoziologen nach, daß die heutige Arbeitnehmergeneration wieder verstärkt auf Sinnsuche ist. Dementsprechend wachsen auch hier die Ansprüche an den Arbeitgeber: Der «Job» soll Geld bringen, darf aber nicht zu sehr einengen und soll dazu noch Spaß machen. Interessen von Unternehmen und Mitarbeitern prallen in der zunehmend marktradikalen Wirklichkeit hart aufeinander.

Das abgekühlte Verhältnis zwischen Arbeitergebern und Arbeitnehmern ist um so gefährlicher, als die Zeiten für die Unternehmen härter werden. Immer neue Konkurrenten aus Osteuropa und Fernost drängen mit preiswerten und zugleich immer hochwertigeren Produkten auf den Markt. Die Konsumenten sind sensibilisiert, d. h. wollen nicht nur gute Produkte, sondern denken bei ihrer Kaufentscheidung auch zunehmend politisch. *Fair Trade* ist ebenso «in» wie die Selbstverpflichtung vieler Betriebe zu regionalen Produkten. Prototypisch hat das die Stadt Leipzig erfahren, die vor kurzem Kleinwagen der Marke Suzuki für ihre Angestellten beschaffen wollte und dafür sowohl von BMW und Porsche, die vor wenigen Jahren neue Werke am Standort Leipzig eröffnet haben, als auch von vielen Leipziger Bürgern lautstark kritisiert wurde. Diese Begebenheit ordnet sich nahtlos in den Gesamtkontext ein: Wachsende Empfindlichkeiten bei weiter steigender Instabilität der Märkte, Preis- und Innovationsdruck sowie – zumindest in Europa – demographische Ungleichgewichte begründen letztlich immer größere Anforderungen an das Management.

Dennoch besteht kein Anlaß zum Defätismus: Dem modernen Manager stehen heute Werkzeuge zur Verfügung, von denen Frederick Taylors Betriebsleiter nur träumen konnten. Vor allem auf der organisatorischen Seite führt dies zu Veränderungen: Immer mehr Unternehmen gehen von einer fixen Aufbaustruktur ab und arbeiten dafür lieber in temporären Projektstrukturen. Parallel dazu sinkt der Anteil der festen Vollzeit-Arbeitsplätze, befristete Arbeitsverhältnisse sind auf dem Vormarsch. Die Kommunikationsbeziehungen verlaufen häufiger horizontal, also zwischen Mitarbeitern derselben Organisationsebene, weniger vertikal; Selbstabstimmung und Selbstorganisation ersetzen vielfach den formalen Vorgesetzten. Administrative oder fertigungstechnische Standardprozesse werden mit Computerunterstützung radikal verschlankt und beschleunigt.

Viele Unternehmen haben obendrein überflüssigen Ballast abgeworfen und treten dezentralisiert auf: Über den eigenen Markterfolg gesteuerte Geschäftsbereiche sind als «Profit Center» schneller und näher am Kunden. Mit einem Wort: Die großen Konzern-Schlachtschiffe der Vergangenheit sind heute wendigen, mit Technik vollgestopften Schnellbooten gewichen. Die ökonomische Welt ist offener und zugleich kleiner geworden. Für die leistungsfähigen Unternehmen ergeben sich daraus bislang ungekannte Chancen. Diese zum Wohl möglichst vieler Menschen zu nutzen, ist Auftrag und Verpflichtung des Managements.

Weiterführende Literatur

Ich beschränke mich im folgenden auf einige Gesamtdarstellungen sowie Primär-quellen, deren Auswahl keinen Anspruch auf Vollständigkeit erhebt. Ihre Angabe spiegelt subjektive Schwerpunkte sowie Texte, die mir zur Erschließung des The-mas besonders hilfreich scheinen.

Beiträge zur Ideengeschichte des Managements

Gesamtdarstellungen

Kieser, A./Ebers, M. (Hrsg.): Organisationstheorien, 6. Aufl., Stuttgart 2006.

Morgan, G.: Bilder der Organisation, Stuttgart 1992.

Schneider, D.: Geschichte betriebswirtschaftlicher Theorie, München 1981.

Walter-Busch, E.: Organisationstheorien von Weber bis Weick, Amsterdam 1996.

Wolf, J.: Organisation, Management, Unternehmensführung, 3. Aufl., Wiesba-den 2008.

Spezialquellen einzelner Schulen

Beer, S.: Kybernetik und Management, 4. Aufl., Frankfurt/M. 1964.

Berger, P./Luckmann, T.: Die gesellschaftliche Konstruktion der Wirklichkeit, 5. Aufl., Frankfurt/M. 1987.

Jensen, M. C./Meckling, W. H.: Theory of the Firm. Managerial Behavior, Agency Costs and Ownership structure, in: Journal of Financial Economics, 3. Jg. (1976), S. 305–360.

Kirsch, W.: Die Betriebswirtschaftslehre als Führungslehre, München 1977.

Kirsch, W.: Kommunikatives Handeln, Autopoiese, Rationalität, München 1992.

Kirzner, I.: Wettbewerb und Unternehmertum, Tübingen 1978.

Malik, F.: Strategie des Managements komplexer Systeme, 10. Aufl., Bern/Stutt-gart 2008.

March, J. G./Simon, H. A.: Organizations, New York 1958.

Meindl, J. R./Ehrlich, S./Dukerich, J.: The Romance of Leadership, in: Adminis-trative Science Quarterly, 30. Jg., (1995), S. 78–102.

Peters, T. J.: Symbols, Patterns, and Settings: An Optimistic Case for Getting Things Done, in: Organizational Development, 2. Jg. (1978), S. 2–23.

Probst, G. J.: Regeln des systemischen Denkens, in: Probst, G./Siegwart, H. (Hrsg.): Integriertes Management, Bern/Stuttgart 1985, S. 181–204.

Salancik, G. R./Meindl, J. R.: Corporate Attributions as Strategic Illusions of Management Control, in: Administrative Science Quarterly, 29. Jg. (1984), S. 238–254.

Sloan, A.: Meine Jahre mit General Motors, 3. Aufl., München/Landsberg 1966.

Smith, A.: Der Wohlstand der Nationen, München 1999.

Taylor, F. W.: Die Grundsätze wissenschaftlicher Betriebsführung (Erstausgabe 1911), München 2004.
Thomas, J. B./Clark, S. M./Gioia, D. A.: Strategic Sensemaking and Organizational Performance, in: Academy of Management Journal, 36. Jg. (1993), S. 239–270.
Ulrich, H.: Die Unternehmung als produktives soziales System, 2. Aufl., Bern/Stuttgart 1970.
Watzlawick, P. (Hrsg.): Die erfundene Wirklichkeit. Beiträge zum Konstruktivismus, 12. Aufl., München 2006.
Weber, M.: Wirtschaft und Gesellschaft, 5. Aufl. (Erstausgabe 1922), Tübingen 1972.
Weber, M.: Gesammelte Aufsätze zur Religionssoziologie, Tübingen 1972.
Weick, K. E.: Sensemaking in Organizations, Beverly Hills/London 1995.
Weick, K. E.: Der Prozeß des Organisierens, 2. Aufl., Frankfurt 1998.
Williamson, O. E.: Markets and Hierarchies: Analyses and antitrust implications, New York 1975.
Williamson, O. E.: Die ökonomischen Institutionen des Kapitalismus, Tübingen 1990.
Picot, A./Dietl, H./Franck, E.: Organisation, 5. Aufl., Stuttgart 2008.

Zu den Grundfunktionen des Managements

Standardtexte zur weitergehenden Orientierung

Bleicher, K.: Das Konzept Integriertes Management, 7. Aufl., Frankfurt/M. 2004.
Drucker, P.: Die Kunst des Managements, München 2000.
Macharzina, K./Wolf, J.: Unternehmensführung, 4. Aufl., Wiesbaden 2005.
Malik, F.: Führen, leisten, leben, Frankfurt/M. 2006.
Mintzberg, H.: Mintzberg über Management, Wiesbaden 1991.
Staehle, W. H.: Management, 8. Aufl., München, 1998.
Steinmann, H./Schreyögg, G.: Management, 5. Aufl., Wiesbaden 2000.

Zur Unternehmensplanung

Brunsson, N.: The Irrationality of Action and Action Rationality: Decisions, Ideologies, and Organizational Actions, in: Journal of Management Studies, 19. Jg. (1982), S. 29–44.
Grünig, R./Kühn, R.: Methodik der strategischen Planung, 5. Aufl., Bern 2009.
Hahn, D./Taylor, B. (Hrsg.): Strategische Unternehmensplanung, Strategische Unternehmensführung, 7. Aufl., Heidelberg 1997.
Johnson, G.: Rethinking Inkrementalism, in: Strategic Management Journal, 9. Jg. (1988), S. 75–91.
Kreikebaum, H.: Strategische Unternehmensplanung, 6. Aufl., Stuttgart 1997.
Mintzberg, H.: Die Strategische Planung, München/Wien 1995.
Quinn, J. B.: Strategies for Change: Logical Incrementalism, Homewood 1980.
Wild, J.: Grundlagen der Unternehmungsplanung, 4. Aufl., Opladen 1982.

Zur Entscheidungsforschung

Bitz, M.: Entscheidungstheorie, München 1981.

Cohen, M. D./March, J. G./Olsen, J. P.: A Garbage Can Model of Organizational Choice, in: Administrative Science Quarterly, 17. Jg. (1972), S. 1–25.

Gladstein, D./Quinn, J. B.: Making Decisions and Producing Action: The Two Faces of Strategy, in: Pennings, J. M. et al. (Eds.): Organizational Strategy and Change, San Francisco 1985, S. 198–216.

Kahnemann, D./Tversky, A.: Choices, Values and Frames, New York 2000.

Kirsch, W.: Die Handhabung von Entscheidungsproblemen, 5. Aufl., München 1998.

Klein, G.: Natürliche Entscheidungsprozesse, Paderborn 2003.

Lindblom, C. E.: The Policy-making process, Englewood Cliffs 1968.

March, J. G. (Hrsg.): Entscheidung und Organisation, Wiesbaden 1990.

Simon, H. A.: Administrative Behavior: A Study of Decision-making Process in Administrative Organizations, 2. Aufl., New York 1957 (deutsch: Landsberg 1981).

Simon, H. A.: Models of Bounded Rationality. Behavioral Economics and Business Organization, 2. Aufl., Cambridge 1983.

Oelsnitz, D. von der: Stand und Entwicklungsperspektiven der betriebswirtschaftlichen Entscheidungsforschung, in: Zeitschrift für Planung, 10. Jg. (1999), S. 157–176.

Pettigrew, A.: Politics of Organizational Decision-making, London 1973.

Pfeffer, J.: Managing with Power: Politics and Influence in Organizations, Boston 1992.

Pfohl, H.-C./Braun, G. E.: Entscheidungstheorie. Normative und deskriptive Grundlagen des Entscheidens, Landsberg am Lech 1981.

Tversky, A./Kahneman, D.: Judgement Under Uncertainty: Heuristics and Biases, in: Science, 185. Jg. (1974), S. 1124–1131.

Zur Führung von Unternehmen und Mitarbeitern

Barnard, C.: The Functions of the Executive, 27. Aufl., London 1976 (Erstausgabe 1938).

Bennis, W. G./Nanus, B.: Führungskräfte, 5. Aufl., Frankfurt/M. 1992.

Cyert, R. M./March, J. G.: A Behavioral Theory of the Firm, Englewood Cliffs 1963.

D'Aveni, R.: Hyperwettbewerb, Frankfurt/M. 1995.

Gälweiler, A.: Strategische Unternehmensführung, 3. Aufl., Frankfurt/M. 2005.

Hamel, G.: Strategy as Revolution, in: Harvard Business Review, 74. Jg. (1996), S. 69–82.

Hamel, G./Prahalad, C. K.: Wettlauf um die Zukunft, München 1997.

Kirsch, W./Seidl, D./van Aaken, D.: Unternehmensführung. Eine evolutionäre Perspektive, Stuttgart 2009.

Lattmann, C.: Die verhaltenswissenschaftlichen Grundlagen der Führung des Mitarbeiters, Bern/Stuttgart 1982.

Mintzberg, H./Ahlstrand, B./Lampel, J.: Strategy Safari, Wien/Frankfurt/M. 1999.

Neuberger, O.: Führen und führen lassen, 6. Aufl., Stuttgart 2002.

Porter, M.: Wettbewerbsstrategie, 11. Aufl., Frankfurt/M. 2008.

Porter, M.: Wettbewerbsvorteile, 6. Aufl., Frankfurt/M. 2000.

Ulrich, H.: Management, Bern/Stuttgart 1984.

Wernerfelt, B.: A Resourced-based View of the Firm, in: Strategic Management Journal, 5. Jg. (1984), S. 171–180.

Wunderer, R.: Führung und Zusammenarbeit, 7. Aufl., Stuttgart 2007.

Zur Unternehmenskontrolle

Ansoff, H. I.: Die Bewältigung von Überraschungen und Diskontinuitäten durch die Unternehmensführung – Strategische Reaktionen auf schwache Signale, in: Steinmann, H. (Hrsg.): Planung und Kontrolle, München 1981, S. 233–264.

Ansoff, H. I.: Implanting Strategic Management, Englewood Cliffs u. a. 1984.

Drucker, P.: The Age of Discontinuity, 2. Aufl., London 1994 (Erstausgabe 1969).

Dyllick, T.: Management der Umweltbeziehungen, Wiesbaden 1990.

Liebl, F.: Der Schock des Neuen. Entstehung und Management von Issues und Trends, München 2000.

Franken, R./Frese, E.: Kontrolle und Planung, in: Szyperski, N. (Hrsg.): Handwörterbuch der Planung, Stuttgart 1989, Sp. 888–898.

Gerum, E.: Das deutsche Corporate Governance-System, Stuttgart 2007.

Malik, F.: Die neue Corporate Governance, 3. Aufl., Frankfurt/M. 2002.

Zu Beruf, Alltag und Ethik von Managern

Dammann, G.: Narzißten, Egomanen, Psychopathen in der Führungsetage, Bern 2007.

Drucker, P.: Die postkapitalistische Gesellschaft, Düsseldorf 1993.

Drucker, P.: Management im 21. Jahrhundert, 3. Aufl., München 2003.

Glotz, P.: Die beschleunigte Gesellschaft, München 1999.

Glotz, P.: Der Wissensarbeiter, Stuttgart/Wien 2004.

Goleman, D.: Emotionale Intelligenz, 2. Aufl., München 1997.

Jonas, H.: Das Prinzip Verantwortung, Frankfurt/M. 1989.

Kurke, L. B./Aldrich, H.: Mintzberg was Right! A Replication and Extension of the Nature of Managerial Work, in: Management Science, 29. Jg. (1983), S. 975–984.

Mintzberg, H.: The Nature of Managerial Work, 2. Aufl., New York 1980.

Mintzberg, H.: Zwischen Fakt und Fiktion – der schwierige Beruf Manager, in: Harvard Business Manager, 12. Jg. (1990), S. 86–98.

Nowak, K.: Das Christentum. Geschichte, Glaube, Ethik, 4. Aufl. München 2007.

Oelsnitz, D. von der/Stein, V./Hahmann, M.: Der Talente-Krieg. Personalstrategie und Bildung im globalen Kampf um Hochqualifizierte, Bern/Stuttgart 2007.

Picot, A./Reichwald, R./Wigand, R.: Die grenzenlose Unternehmung. Information, Organisation und Management, 5. Aufl., Wiesbaden 2003.

Presthus, R.: Individuum und Organisation. Typologie der Anpassung, Frankfurt/M. 1966.

Schirmer, F.: Managerrollen und Managerverhalten, in: Schreyögg, G./Werder, A. von (Hrsg.): Handwörterbuch Unternehmensführung und Organisation, 4. Aufl., Stuttgart 2004, Sp. 813–820.
Scholz, C.: Spieler ohne Stammplatzgarantie, Weinheim 2003.
Schreyögg, G./Hübl, G.: Manager in Aktion: Ergebnisse einer Beobachtungsstudie in mittelständischen Unternehmen, in: Zeitschrift Führung und Organisation, 61. Jg. (1992), S. 82–89.
Schwalbach, J.: Vergütungsstudie 2008. Vorstandsvergütung und Personalkosten der DAX 30-Unternehmen, 1987–2007. Institut für Management, HU Berlin 2008.
Sennett, R.: Der flexible Mensch, 8. Auflage, Berlin 2000.
Sennett, R.: Die Kultur des neuen Kapitalismus, Berlin 2005.
Staehle, W. H.: Funktionen des Managements, 2. Aufl., Bern/Stuttgart 1989.
Steinmann, H./Löhr, A.: (Hrsg.): Unternehmensethik, Stuttgart 1989.
Ulrich, P.: Integrative Wirtschaftsethik, 4. Auflage, Bern/Stuttgart 2008.
Voss, G./Pongratz, H. J.: Der Arbeitskraftunternehmer. Eine neue Grundform der «Ware Arbeitskraft»?, in: Kölner Zeitschrift für Soziologie, 50. Jg. (1998), S. 131–158.
Walgenbach, P.: Mittleres Management, Wiesbaden 1994.
Weber, W.: Managerkompetenzen und Qualifikation, in: Schreyögg, G./Werder, A. von (Hrsg.): Handwörterbuch Unternehmensführung und Organisation, 4. Aufl., Stuttgart 2004, Sp. 791–797.

Bildnachweis

ullstein bild: 13
AP: 22
Ross School of Business, University of Michigan: 39

Leider war es nicht in allen Fällen möglich, die Inhaber der Rechte zu ermitteln. Wir bitten deshalb gegebenenfalls um Mitteilung. Der Verlag ist bereit, berechtigte Ansprüche abzugelten.